规范化建设
高质量发展

我们这五年

——北京消防协会第五届会员代表大会以来发展成果

北京消防协会 编

中国社会出版社

国家一级出版社·全国百佳图书出版单位

图书在版编目（CIP）数据

我们这五年：北京消防协会第五届会员代表大会以来发展成果 / 北京消防协会编． -- 北京 ：中国社会出版社，2024．11． -- ISBN 978-7-5087-7107-6

Ⅰ．TU998.1

中国国家版本馆 CIP 数据核字第 2024EU1309 号

我们这五年——北京消防协会第五届会员代表大会以来发展成果

出版人：程 伟
终审人：陆 强
责任编辑：卢光花
装帧设计：时 捷
出版发行：中国社会出版社
　　　　　（北京市西城区二龙路甲 33 号　邮编 100032）
印刷装订：北京联兴盛业印刷股份有限公司
版　　次：2024 年 11 月第 1 版
印　　次：2024 年 11 月第 1 次印刷
开　　本：170mm×240mm　1/16
字　　数：162 千字
印　　张：10.25
定　　价：88.00 元

编 委 会

前　言

　　党的二十届三中全会审议通过的《中共中央关于进一步全面深化改革、推进中国式现代化的决定》，对社会组织工作进行了多处重大部署，为社会组织工作进一步改革发展指明了方向，提供了根本遵循。在学习贯彻党的二十届三中全会精神过程中，民政部社会组织管理局提出了加强党对社会组织的领导、推动社会组织参与社会治理、鼓励社会组织助力科技创新、推进行业协会商会深化改革、促进社会组织参与协商民主等一系列具体部署。

　　在此背景下，北京消防协会作为首都地区的消防行业社会组织，紧密联系自身改革发展实践，深入学习贯彻党的二十届三中全会精神，积极落实民政部门工作部署。自北京消防协会第五届会员代表大会以来，我们不断探索与总结，形成了一系列宝贵经验和做法，并固化为76项工作成果，包括办会理念与战略规划方面的7项、内部治理与机制建设创新方面的15项、内部治理与服务效能提升方面的25项以及消防公益与品牌项目29项。在前期短视频展播的基础上，我们对这些成果进行了进一步的修改完善，并结集出版。

　　编印出版的目的主要有两个：一是推进行业协会规范化建设。这主要体现在办会理念与战略规划、内部治理与机制建设创新两个方面。在办会理念与战略规划上，本书对协会的基本性质、根本宗旨、职能定位、核心理念、发展思想、发展原则以及发展规划进行了系统阐述，为协会的规范化建设奠定了坚实的思想基础。在内部治理与机制建设创新，本书则从坚持三项发展原则、推进五大体系建设、贯彻一个发展思想、推动三类机构运行四个维度出发，对有关规范运行的体制机制进行了全面总结，为协会的规范化建设提供了系统化的思想保障和制度保障。二是推进行业协会高质量发展。这主要体现在内部治理与服务效能提升、消防公益与品牌项目两个方面。在内部治理与服务效能提升方面，本书从服务会员、服务行业、服务社会、服务国家四个维度出发，全面展现了行业协会高质量发展的价值体现。而消防公益与品牌项目则是正确思想认识与有效机制运行相结合，形成的具有可复制、可持续性的发展模式，它们不仅体现了行业协会高质量发展的内在要求，也是经过实践验证、行之有效的高质量发展成果。

2024 年，是北京消防协会换届之年，我们有幸融入党领导全国各族人民进一步全面深化改革，推进中国式现代化这一伟大历史时刻。我们坚信，通过对过去五年来探索形成的发展成果进行总结固化，将会在全体会员中凝聚共识，树立信心，进一步明确下一步的发展方向和目标。同时，我们也希望所做的探索与努力，能够为其他行业协会的规范化建设和高质量发展提供有益的借鉴。

本书编写过程中，除特殊表述外，正文中一般将"北京消防协会"简称为"协会"。作为一种创新尝试，本书虽力求完善，但仍存在诸多不足与待完善之处。我们诚挚地欢迎广大同人和社会各界提出宝贵意见，给予指正，以便我们不断改进与提升。

2019 年，北京消防协会第五届会员代表大会开启了协会历史上不平凡的五年。

这五年，我们历经风雨，砥砺前行；这五年，我们奋发作为，硕果累累。

深化改革特别是行业协会脱钩为我们带来了前所未有的历史机遇，而三年疫情的考验更没能阻挡我们坚定前进的步伐，我们直面挑战，重整旗鼓再出发。

——这五年，我们脱胎换骨，艰苦创业。面对脱钩带来的阵痛，我们勇于将自己置身于新时代经济社会发展大潮中，苦苦思索社会化消防工作的本质特点，不断探寻行业协会建设的发展规律。从夯实基础到全面发展，再到总结固化，逐步形成了系统化的思想认识、高效的运行机制和一系列的典型项目。

——这五年，我们同频共振，奋发有为。会员是协会的根本，"以会员为中心"始终是我们的出发点和落脚点。历经五个春夏秋冬，我们与广大会员同呼吸、共命运，将会员的获得感和满意度作为衡量工作的核心标准。我们积极传递党的声音，落实政府要求，充分发挥桥梁纽带作用，深度参与消防安全社会治理。

——这五年，我们勇于探索，开拓创新。在登记管理机关、党建领导机关、行业管理部门的坚强领导下，把规范化建设和高质量发展作为不懈努力追求，在探索的道路上付出了艰辛的努力。通过思想认识的不断升华和体制机制的持续创新，我们取得了一系列宝贵的发展成果，为协会的持续发展奠定了坚实的基础。

　　2024 年，是北京消防协会换届之年。在进一步全面深化改革、推进中国式现代化的历史背景下，我们将聚焦规范化建设和高质量发展，紧密结合消防行业的特点和社会组织的优势，持续发力，久久为功，为推动社会化消防工作高质量发展作出新的贡献。

　　——我们将进一步强化体制机制，提升规范化建设水平。继续深化"党旗向会员延伸"的党建引导机制，深入贯彻"以会员为中心"的发展思想，不断完善"五大体系"建设。以参加 2026 年社会组织评估为契机，全面带动和检验协会内部治理的规范化水平。

　　——我们将进一步强化组织活力，提升整体性组织效能。通过办事机构、分支机构、代表机构的优化重组，进一步激发专兼职工作人员干事创业的激情。我们将充分发挥量化指标管理和绩效考核评估的导向作用，推动组织效能的全面提升。

　　——我们将进一步强化作用发挥，提升高质量服务价值。按照突出重点、分类施策的原则，对服务会员十项机制、服务行业六项机制、服务社会四项机制、服务国家五项机制进行全面优化。我们将把 29 个典型项目中的成熟做法转化为常态化的运行机制，对具有带动作用的品牌项目加大培树力度，及时向政府有关部门和兄弟协会推介，发挥典型的示范引领价值。

回望过去，我们心怀感激；展望未来，我们信心满怀。让我们在习近平新时代中国特色社会主义思想指引下，不忘初心、牢记使命，再接再厉，共创北京消防协会更加辉煌的明天！

北京消防协会会长

2024 年 8 月

科技创新成果

五年来，协会积极引领会员投身消防科技创新，众多会员单位凭借卓越的创新能力和不懈的努力，荣获"高新技术企业""北京市科技型中小企业""北京市专精特新中小企业""北京市专精特新'小巨人'企业""知识产权试点单位"等一系列科技创新类权威认证，彰显创新实力，肯定协会贡献。这些成果有力推动了消防行业高质量发展，为首都科技创新中心建设作出了积极贡献。

名录如下（排名不分先后）：

北京光尘环保科技集团股份有限公司

北京新百发缘科技有限公司

北京华融义缘消防技术有限公司

北京利达华信电子股份有限公司

北京久久神龙消防器材有限公司

青鸟消防股份有限公司

小蜜蜂互联（北京）消防信息技术有限公司

北京玉鼎保信消防科技有限公司

万霖消防技术有限公司

北京中德启锐安全设备有限公司

中泰民安安全服务集团有限公司

山东嵘野房车制造服务有限公司

北京安宁威尔应急消防安全科技有限公司

航天康达（北京）科技发展有限公司

北京中安质环技术评价中心有限公司

北京东方京安消防工程有限公司

北京安氧特科技有限公司

河北安盾消防设备有限公司

北京亚太银河消防科技集团有限公司

中国建筑科学研究院有限公司

建研防火科技有限公司

北京航天常兴科技发展股份有限公司

北京德众国良环保科技有限公司

北京市科学技术研究院城市安全与环境科学研究所

浙江大华技术股份有限公司

天泽智联科技股份公司

北京东汉阳光科技有限公司

金舟消防工程（北京）股份有限公司

北京城建天宁消防有限责任公司

江苏铭星供水设备有限公司

北京天使霓裳科贸有限公司

中科永安（北京）科技有限公司

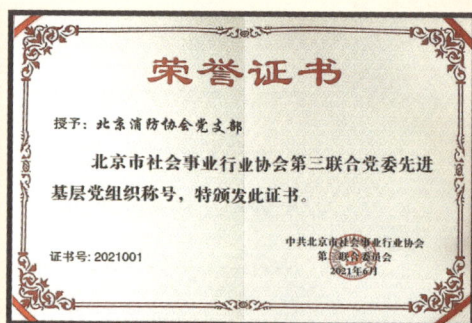

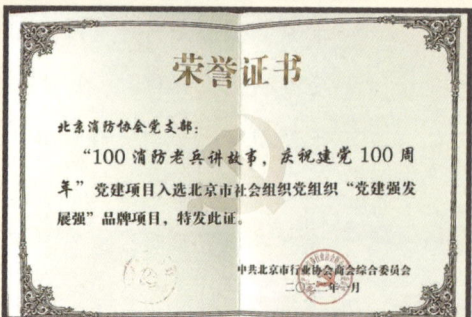

2023 年度首都应急管理创新案例

荣誉证书

为表彰 2023 年度首都应急管理创新案例获奖者，特颁发此证书。

案例名称："一系统三统一"社会化消防安全培训体系

奖励等级：一等奖

获奖单位：北京消防协会

2023 年 11 月

2023年度首都应急管理创新案例

荣誉证书

为表彰2023年度首都应急管理创新案例获奖者，特颁发此证书。

案例名称："一系统三统一"社会化消防安全培训体系

奖励等级：一等奖

获奖单位：北京消防协会

项目完成人：孙富、钟利智、吕红卓、刘有霞、张志昂、贺伟宏、芮莹、李玉涛、张鹏云、刘畅、宋子迤、马达伟

2023年11月

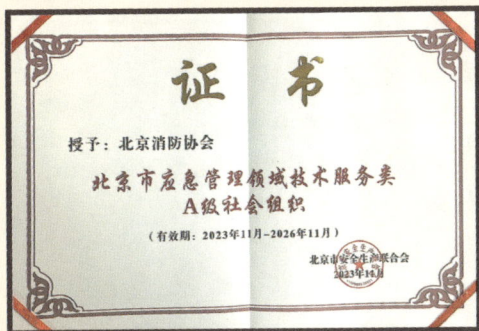

证书

授予：北京消防协会

北京市应急管理领域技术服务类
A级社会组织

（有效期：2023年11月—2026年11月）

北京市安全生产联合会
2023年11月

授予：北京消防协会

北京市应急管理领域技术服务类
A级社会组织

（有效期：2023年11月—2026年11月）

北京市安全生产联合会
2023年11月

目 录

第一篇

办会理念与战略规划

办会理念，是行业协会规范化建设和高质量发展的思想基础。

——五年来，北京消防协会全面贯彻党的群众路线，始终坚持民主办会原则，充分依靠会员、发动会员，深入研究社会化消防工作的本质特点、行业社会组织建设发展规律，立足自身工作实际，形成了系统的办会理念，为协会规范化建设和高质量发展提供了有力的思想保障。

孙朝中

北京消防协会第五届理事会副会长
北京光尘环保科技集团股份有限公司总经理

协会的基本性质：
社会化消防服务供需对接平台

　　北京消防协会是社会团体，根据《社会团体登记管理条例》的规定，协会按照《北京消防协会章程》（以下简称《章程》）开展各项活动。第四届会员代表大会将《章程》内容明确为："北京消防协会是由北京地区消防科学技术工作者、消防专业工作者，热心消防事业的各界人士和消防科研、教学、企业、中介组织等单位组成，是经北京市社会团体登记管理机关核准登记的非营利性社会团体。"脱钩改革后，协会第五届会员代表大会第二次全体会议对《章程》作了适时修订，表述更精准："北京消防协会是由北京地区社会化消防工作网络中的相关单位、消防行业供需市场主体等自愿结成的全市性、行业性社会团体，是非营利性社会组织。"这一表述是根据党的十九届五中全会通过的《中共中央关于制定国民经济和社会发展第十四个五年规划和二〇三五年远景目标的建议》关于"发挥群团组织和社会组织在社会治理中的作用，畅通和规范市场主体、新社会阶层、社会工作者和志愿者等参与社会治理的途径"的要求，以及《中华人民共和国消防法》关于"建立健全社会化的消防工作网络"的规定，结合协会第五届会员代表大会以来深入探索和实践形成的新的认识。这一认识主要包括：会员构成、活动范围、行业属性、非营利性等。它体现了协会对办会规律的研究不断深化的过程，为协会"社会化消防服务供需对接平台"建设和发展奠定了思想基础。

协会的根本宗旨：
推进行业治理，践行消防公益

苗广州

北京消防协会第五届会员代表大会会员代表
储能及充换电设施应用行业消防服务分会主任委员
航天康达（北京）科技发展有限公司总经理

　　《北京市社会团体章程示范文本（试行）》规定的本会宗旨为："本会遵守宪法、法律、法规和国家政策，践行社会主义核心价值观，弘扬爱国主义精神，遵守社会道德风尚，恪守公益宗旨，积极履行社会责任，自觉加强诚信自律建设，诚实守信，规范发展，提高社会公信力。负责人遵纪守法，勤勉尽职，保持良好个人社会信用。"协会《章程》在此基础上，结合消防行业和区位特点，进行了适当补充："把握消防工作公益性的根本属性，顺应消防工作社会化的客观规律，坚持善念、正道、合作、执着的核心理念。以构建社会化消防服务平台、弘扬消防公益精神、推进消防社会化进程为己任，把社会组织建设作为贯彻党的群众路线的一个重要途径和载体，自觉融入推进社会治理体系和治理能力现代化进程，秉承以会员为中心的发展理念，提升会员数量，优化会员结构，强化会员服务，不断提高协会的行业影响力和专业权威性。实现服务国家、服务社会、服务群众、服务行业的社会价值。以服务北京'四个中心'建设、发挥对政府行业监管部门的职能补充作用为根本任务，追求争创一流行业协会的总体目标。"

　　五年来，协会始终秉承办会宗旨，不断深化认识，把宗旨概括成三句话：坚持正确政治方向，推动党建业务融合；践行核心价值理念，加强诚信体系建设；促进产业提质增效，争创一流行业协会。实践证明，正确的宗旨对协会发展起到了重要的目标导向作用。

任 轶

北京消防协会第五届常务理事会常务理事

消防设施专业分会主任委员

北京华安全鼎消防科技有限公司总经理

协会的职能定位：
从社会化到公益化的路径探索

　　产业对接、平台搭建和行业自律，是行业协会的基本职能。北京消防协会作为市级行业协会，除了具备一般行业协会的基本职能，还具有消防特定的社会化、公益性属性。站在消防体制改革、行业协会脱钩改革新时代的起点，协会在践行初心使命、自觉融入推进社会治理体系和治理能力现代化进程中，逐步探索、找准自身的职能定位。2019年12月，协会第五届常务理事会第一次会议制定了《北京消防协会发展规划（2019—2024）》（以下简称《五年发展规划》），明确协会要"以构建社会化消防服务平台、弘扬消防公益精神、推进消防社会化进程为己任""自觉融入基层社会治理新格局，充分发挥行业协会的自律功能，主动融入政府治理和社会调节的良性互动，努力夯实消防社会治理基础"。2021年，协会完成脱钩改革后，第五届会员代表大会第二次全体会议审议通过的《章程》以及第五届常务理事会第五次会议通过的《北京消防协会换届以来阶段性工作总结和全面发展阶段工作思路》（以下简称《换届以来阶段性工作总结和全面发展阶段工作思路》），进一步明确了协会发展的职能定位，即构建社会化服务平台、弘扬消防公益性精神、推进消防社会化进程。

　　五年来，协会始终准确地把握自身职能定位，把社会组织建设作为贯彻党的群众路线的重要途径和载体，紧紧围绕实施"十四五"规划，自觉融入社会治理，主动发挥补充职能，使服务国家、服务社会、服务群众、服务行业的社会价值得到充分体现。

协会的核心理念：
善念、正道，合作、执着

敖日塔

北京消防协会第五届常务理事会常务理事

电气防火专业分会主任委员

北京海安博大电气消防安全检测有限公司总经理

理想信念，是一个人的灵魂。对于一个组织来说，是组织成员为了共同的目标，齐心协力、不懈奋斗的精神支柱。协会第五届会员代表大会以来，理事会结合首都区位特点，深入研究消防行业协会的本质属性和发展规律，逐步形成了"善念、正道，合作、执着"的核心理念。

公益性，是消防工作和社会组织共同的本质属性。消防工作的核心目标就是防患于未然、救人于水火、助人于危难、给人以力量。依托行业协会平台开展消防工作，要在党和国家法规政策确定的轨道上运行，摒弃纯粹的市场化认识，努力追求社会效益和经济效益的统一。这就意味着：心怀善念，走正道。

社会化，是消防工作和社会组织共同的发展规律。立足社会组织的角色定位，广泛发动各方社会力量密切合作，在政府统一领导、部门依法监管、单位全面负责、公民积极参与的总体框架下，助力建立健全社会化消防工作网络，是消防协会的核心职能，也是发展规律。这就意味着：广泛合作，坚韧执着。对于消防工作社会化规律的认识，还有待进一步宣传发动，达成共识；消防工作社会化进程，还需要我们坚持不懈地推进。

"善念、正道，合作、执着"的核心理念，极大地激发了广大会员干事创业的激情，为协会攻坚克难、爬坡过坎提供了强大的精神力量。

任磊

北京消防协会第五届理事会副会长
消防安全评估专业分会主任委员
北京中安质环技术评价中心有限公司董事长

协会的发展思想：
以会员为中心，服务驱动创新发展

"以人民为中心的发展思想"是以习近平同志为核心的党中央创新治国理政实践的重大理论成果。党的十九大强调，必须坚持人民主体地位，坚持立党为公、执政为民，践行全心全意为人民服务的根本宗旨，把党的群众路线贯彻到治国理政全部活动之中。北京消防协会是由会员自愿结成的社会团体，会员是协会的基础，也是协会服务的对象。"以会员为中心"，是协会结合自身定位，落实"以人民为中心的发展思想"，践行党的群众路线的具体化，也是协会发展的方向和目标。2019 年 12 月，协会第五届常务理事会第一次会议制定了协会《五年发展规划》，提出坚持"以会员为中心"的发展理念。2021 年 3 月，完成脱钩改革任务后，协会第五届会员代表大会第二次全体会议审议通过的《章程》规定："把社会组织建设作为贯彻党的群众路线的一个重要途径和载体，自觉融入推进社会治理体系和治理能力现代化进程，秉承以会员为中心的发展理念，提升会员数量，优化会员结构，强化会员服务，不断提高协会的行业影响力和专业权威性。"2021 年，第五届常务理事会第五次会议审议通过的《换届以来阶段性工作总结和全面发展阶段工作思路》明确提出：全面服务会员、发展会员、管理会员，落实"以会员为中心"的发展理念，努力实现高质量、高水平的全面发展。

五年来，"以会员为中心"的发展思想，已经深深植根于广大会员和各级服务管理人员脑海中，体现在协会工作的方方面面，会员的获得感和满意度不断提升，协会的凝聚力和向心力也不断增强。

协会的发展原则：

"三位一体"发展战略下的高质量发展实施与展望

韦安庆

北京消防协会第五届理事会副会长

石景山联络处主任委员

北京亚太银河消防科技集团有限公司董事长

2019 年 8 月换届以来，协会按照打基础、全面发展、总结固化提升"三步走"发展战略，持续实施《五年发展规划》。2021年协会进入全面发展阶段，为适应形势、客观评价、凝聚共识、形成合力，经多方调研走访，协会对换届以来阶段性工作进行了全面总结，准确分析了当前面临的形势，明确了全面发展阶段的基本工作思路。2021 年 3 月，协会正式完成脱钩改革，协会党支部在《中共北京消防协会支部委员会关于积极推动消防行业高质量发展的意见》（以下简称《关于积极推动消防行业高质量发展的意见》）中首次提出：始终坚持党的领导，为推动消防行业高质量发展提供政治保障；始终坚持规范运行，为推动消防行业高质量发展提供思想、组织和制度支撑；始终坚持创新发展，为推动消防行业高质量发展提供内生动力。同年 8 月，协会第五届常务理事会第五次会议通过了《换届以来阶段性工作总结和全面发展阶段工作思路》，明确将"党建引领、规范运行、创新发展"的指导思想作为协会新发展阶段的发展原则。这种表述与《"十四五"社会组织发展规划》关于"坚持党建引领，保证发展方向"的基本原则高度契合，为协会提供了思想上、组织上和制度上的支撑，是推动消防行业高质量发展的政治保障和内生动力。

刁维利

北京消防协会第五届理事会理事
排油烟设施清洗专业分会主任委员
北京天使霓裳科贸有限公司总经理

协会的发展规划：
"五三一"框架的实施与展望

　　"凡事预则立，不预则废。"协会第五届会员代表大会把制定和实施发展规划作为推动协会发展的重要方式。第五届常务理事会第一次会议制定了《五年发展规划》。从五个方面为协会发展远景规定了目标和方向：一是始终坚持正确的政治方向，不断深化对消防工作和社会组织运行规律的认识，明确协会发展的指导思想、根本任务、总体目标、核心理念、价值追求、职能定位。二是坚持以会员为中心的发展理念，转变思想观念，提升会员数量，优化会员结构，强化会员服务，不断提高协会的行业影响力和专业权威性。三是全面加强协会自身建设，形成务实管用的组织体系、制度体系、标准体系、人才体系，推进协会治理体系和治理能力现代化，确保协会高效顺畅运行。四是以诚信体系建设为抓手，深入开展行业自律，全面提升社会化消防服务质量。五是以消防宣传教育培训为重点，坚持体制机制创新，谋求全面发展。概括起来，就是"五个体系、三个阶段、一个目标"，即建设形成思想、组织、制度、标准、人才等五个体系，通过夯实基础、全面发展、总结固化三个阶段，实现跻身省级一流协会行列的总体目标。

　　五年来的实践证明，制定和实施任期发展规划，有利于明确协会未来发展的总体方向、目标任务、重点举措，合理引导会员的共识和预期，在协会可持续发展中，起着不可替代的功能和作用。

第二篇

内部治理与机制建设创新

内部治理，是行业协会规范化建设和高质量发展的组织保障。

——五年来，北京消防协会探索形成了一套符合国家要求、具有北京特色、得到会员认可的内部治理模式，在协会规范化建设和高质量发展中发挥了重要保障作用。

① 规范化建设的发展原则

　　通过实施党建引领、规范运行与创新发展等规范化建设的核心原则，我们显著提升了政治保证，实现了规范运行，推动了技术与服务的进步。这些具体的成果不仅体现了规范建设的成效，也极大地推进了消防协会的高质量发展。

党建引领：
党建为舵，引领发展

赵性仓

北京消防协会第五届常务理事会常务理事

大兴实训基地主任

中泰民安安全服务集团有限公司董事长、党支部书记

北京消防协会《章程》规定："本会坚持中国共产党的全面领导，根据中国共产党章程的规定，设立中国共产党的组织，开展党的活动，为党组织的活动提供必要条件。承担保证政治方向、团结凝聚群众、推动事业发展、建设先进文化、服务人才成长、加强自身建设等职责。本会邀请党组织负责人参加或列席本会管理层会议。党组织对本会重要事项决策、重要业务活动、大额经费开支、接收大额捐赠、开展涉外活动等提出意见。"

2019 年 8 月，协会第五届会员代表大会确定了党建与业务工作深度融合的办会指导思想。2020 年 7 月，协会党支部正式成立。2021 年 3 月，在完成脱钩改革任务后，协会党支部出台了《关于积极推动消防行业高质量发展的意见》，把党建引领作为推动消防行业高质量发展的政治保障，纳入发展原则。2022 年 9 月，协会党支部完成了整建制属地化转移，归属中共北京市朝阳区南磨房地区党群服务中心委员会管辖。2024 年 3 月，顺利完成党支部换届工作，并成立第一届党支部委员会。

五年来，通过"党旗向会员延伸"，协会始终坚持密切联系群众，宣传和贯彻落实党的理论和路线方针政策，引导和监督会员依法执业、诚信从业，教育引导会员增强政治认同，有序参与社会治理、提供公共服务、承担社会责任，确保协会始终沿着正确的发展方向，推动了协会健康有序发展。

协会党建工作，突出了社会组织工作特点。一是通过党员大会、支委会，在协会发展过程中的关键节点，根据党的有关政策提出指导意见，发挥了引领方向的作用。二是通过党建工作"双覆盖"，把党的声音传递到会员中，把党的主张融入协会各项业务工作，发挥了引领思想的作用。三是通过"三会一课"和主题党日活动，把群众的呼声和会员的诉求收集上来，在积极沟通、主动化解的基础上，及时向上级党组织反馈，发挥了引导舆情的作用。

规范运行：
依法依规，规范前行

陈广民
北京消防协会第五届常务理事会常务理事
清大东方教育科技集团有限公司副总经理

协会《章程》对宗旨的表述为："本会遵守宪法、法律、法规和国家政策，践行社会主义核心价值观，遵守社会道德风尚，恪守公益宗旨，积极履行社会责任，自觉加强诚信自律建设，诚实守信，规范发展，提高社会公信力。"

2021年3月，协会完成脱钩改革，进入"自主办会、规范办会"的新阶段。协会党支部在《关于积极推动消防行业高质量发展的意见》中明确提出："始终坚持规范运行，为推动消防行业高质量发展提供思想、组织和制度支撑。"具体体现在以下几个方面。

一是在思想上。全体会员，特别是各位理事、监事，以及各内设机构负责人，要牢固树立依法依规开展活动的意识。在业务经营过程中，严格按照《章程》和各项制度，带头做好行业自律，引领全体会员依法规范经营。

二是在组织上。把各分支机构、代表机构负责人充实到会员代表、理事会、常务理事会中，切实增强组织机构团结协作、凝心聚力、民主办会、规范运行的能力和水平。

三是在制度上。通过定期上报工作月报，参加社会组织年度检查、审计、参与等级评估等方式，主动接受登记管理机关、党建领导机关、有关行业管理部门的业务指导和监督管理。

四是在内容上。协会认真学习并坚决执行党和国家有关规定，特别是对于收费、合作、论坛、评比表彰、机构设置等容易出问题的事项，在内部充分研究的基础上，还要通过法律顾问进行合规审查，确保各项活动在规范的轨道上开展。

五年来，协会通过规范运行机制，坚持把有关法律法规和社会组织的规范性文件，作为协会全部工作的基本依循，确保了每一项活动、每一次决策都在正确的轨道上稳步推进，有效提升了组织的专业性和公信力，确保协会依法依规，全面发展。

创新发展：
创新驱动，引领未来

陆兆楷

北京消防协会第五届会员代表大会会员代表

储能及充换电设施应用行业消防服务分会副主任委员

北京奥动新能源投资有限公司副总监

　　抓创新就是抓发展，谋创新就是谋未来。不创新就要落后，创新慢了也要落后。协会第五届会员代表大会以来，协会持续实施创新驱动发展战略，积极谋求体制创新、机制创新，从创新中汲取全面发展的力量。具体体现在以下几方面：一是创新发展思路。协会根据形势要求和历史方位，全面修订《章程》，制定《五年发展规划》，对协会的基本性质、根本宗旨、职能定位、核心理念、发展思想、发展原则、发展规划等作出全面系统的阐述，确立了"构建社会化消防服务平台"这一宏大愿景，并在实践中不断探索完善，在思想认识上体现创新发展。二是创新发展体制。通过对社会组织运行规律的深入研究，协会在组织体系建设过程中高度重视内部治理效能，按照分类指导原则，对会员基本类型作出了"供给侧""需求侧"的划分，并根据会员单位的专业性、行业性特点，借鉴消防安全专项治理经验，进行了细化分类，在体制建设上体现创新发展。三是创新发展机制。办事机构、分支机构、代表机构，是协会运行的基本单元。在党建引领的基础上，协会通过"账单式管理，项目化推进""绩效考核""量化指标""品牌建设"等措施，不断完善科学合理的运行机制，持续提升三大机构运行效率和质量，在机制建设上体现创新发展。

　　五年来，协会积极谋求创新发展，在全面深化改革的大背景下，不仅为自身发展注入了强大动力，也为社会化消防工作高质量发展探索了新的路径，更将在今后立足更高起点，谋求更高水平的创新发展。

❷ 规范化建设过程中的体系建设

　　通过体系化建设，强化思想引领、优化组织架构、健全制度保障、引领标准制定及培育人才智库，我们显著提升了协会运行效率与质量，推动行业规范化、专业化发展，有力支撑了协会高质量发展。

思想体系建设：
党建引领，思想先行

刘玉琴

北京消防协会第五届常务理事会常务理事
消防产品专业分会主任委员
青鸟消防股份有限公司直销部副总经理

思想是行动的先导，理论是实践的指南。第五届会员代表大会以来，协会在全面深化改革的大背景下，高度重视思想认识和实践探索的相互依存、相互促进。自觉运用"理论—实践—理论"的基本方法，结合协会自身实际，不断深化对消防工作和社会组织运行规律的认识，在贯彻落实党的路线、方针、政策过程中，形成了包括协会的基本性质、根本宗旨、职能定位、核心理念、发展思想、发展原则、发展规划 7 个方面主要内容，具有北京区位特点，体现历史发展要求的思想认识体系。

协会的思想体系建设突出了以下特点：一是始终坚持党建引领，以习近平新时代中国特色社会主义思想为基本依循；二是始终坚持发展眼光，以社会化消防工作全面、可持续的高质量发展为着眼点和落脚点；三是始终坚持问题导向，围绕协会发展过程中出现的各种问题，突出以实践为基础的理论创新；四是始终坚持群众观点，充分依靠会员、发动会员，贯彻"从会员中来，到会员中去"的群众路线；五是始终坚持系统思维，追求思想认识覆盖协会发展的各方面和全过程，努力实现全链条管理。

五年来，协会的思想体系建设为协会攻坚克难、爬坡过坎，提供了强大的思想保障和精神力量。面向未来，我们坚信：协会在面对新形势、新任务时，始终坚持思想理论与实践探索相结合，不断强化实践检验，努力在全体会员中凝聚共识，自觉融入进一步全面深化改革、推进中国式现代化的伟大征程。

侯文喆

北京消防协会第五届常务理事会常务理事

延庆联络处主任委员

北京玉鼎保信消防科技有限公司总经理

组织体系建设：
创新架构，优化运行

2019 年 12 月，在第五届常务理事会第一次会议审议通过的《五年发展规划》中，明确提出要建立完善组织体系，为协会发展提供组织保障。经过长期的努力与实践，初步形成了组织架构、组织制度、组织运行等方面的工作机制。

一是**创新组织架构**。基于对协会基本性质的认识，在会员代表大会、理事会、监事会、常务理事会、秘书处等常规组织机构的基础上，协会对会员分类进行了创新探索。根据社会化消防服务供需关系，把分支机构分为供给侧、需求侧两大类。协会坚持不懈发展会员，不断完善组织结构，致力于调整供需平衡，从而为社会化消防服务供需平台建设创造条件。

二是**完善组织制度**。制定了《秘书处部门职责规定》《分支机构服务管理办法》《代表机构服务管理办法》，并根据形势变化及时进行了修订。逐步明确了各内设机构的基本性质、管理体制、工作职责，以及组建程序、负责人产生流程和活动规则等内容。

三是**推动组织运行**。建立健全各内设机构年度工作要点、量化指标、季度工作账单，以及分会负责人考核机制，采用"账单式管理，项目化推进"的工作模式，通过绩效评价激发专兼职工作人员的积极性、主动性、创造性，努力推动各机构有效运行。

五年来，协会组织体系建设已经实现了从"有没有"到"动不动"的转变，为下一步实现从"动不动"到"好不好"的高水平转变，打下了坚实的基础。

制度体系建设：
固本强基，制度保障

陈永利

北京消防协会第五届会员代表大会会员代表

排油烟设施清洗专业分会副主任委员

北京新百发缘科技有限公司总经理

制度，具有根本性、全局性、稳定性和长期性的特点。制度体系的有效运行具有固根本、稳预期、利长远的保障作用。协会《五年发展规划》指出，建立完善制度体系，为协会发展提供制度支撑。2019 年换届以来，协会从三个层面推进制度体系建设。一是搜集国家制度相关信息。截至目前，共搜集相关法律法规 29 项、政策文件 129 篇，国家标准 220 个、行业标准 148 个、地方标准 34 个，形成了动态的制度文件资料库。二是修订协会《章程》。2019 年 8 月换届时，协会制定了新的章程。2021 年 4 月，根据脱钩情况，对《章程》进行了部分修订，并经民政部门审批备案。三是不断完善内部管理制度。协会第五届会员代表大会及理事会，对历史形成的各项制度进行了全面清理。完成脱钩改革以后，协会于 2021 年 9 月对原有制度又进行了一次系统修订。目前，已形成包括 1 项基本制度、3 项党建制度、6 项议事制度、7 项会员制度、5 项人事制度、4 项日常制度、8 项运行制度、3 项业务制度、9 项财务制度在内的内部管理制度体系，共 9 大类 46 项。

制度的生命力在于执行，而制度体系建设则是一个持续且动态调整的过程，既非一蹴而就，也非一劳永逸。五年来的实践证明，协会的制度体系建设在规范内部工作，保障正常运转，提高工作效率和质量等方面提供了重要支撑。但仍存在操作性不强、执行不到位等问题，需根据国家法规政策调整、业务拓展等实际工作需要健全完善，以确保协会能在规范运行的基础上实现高质量发展。

马明山

北京消防协会第五届常务理事会常务理事

中冶检测认证有限公司消防主任

标准体系建设：
标准引领，行业规范

《五年发展规划》指出，要建立完善标准体系，体现协会发展的行业优势。2020 年，协会印发了《北京消防协会团体标准管理办法（试行）》，明确了团体标准制定及管理程序。自 2019 年换届以来，协会自主编制发布了涉及建筑消防设施检测、电气防火检测、灭火器维修、应急物资储备、社会化消防安全教育培训、电动自行车经营场所、集排油烟设施清洗等 11 部团体标准。同时，与其他社会组织在标准制定工作方面展开合作，参编了微型消防站建设管理、知名商标品牌认定、消防技术服务质量、智慧消防火灾防控、人员密集场所、燃气电站等多部团体标准。同时，协会深入研究消防行业发展趋势和国家相关政策，积极探索国家标准、行业标准、地方标准编制工作，配合政府有关部门编制涉及消防设施、电气防火、消防安全评估、社会单位和重点场所消防安全管理系列标准等多部地方标准。

五年来，协会制定的标准在引领行业有序发展、行业规范化管理等方面发挥了重要作用。尽管协会标准体系基本形成，但在实际运行中还存在管理制度滞后、实施效果有待评估、团体标准的品牌意识和品牌效应不强等不足，仍需不断完善标准体系建设，结合人才建设、科技创新、政策解读机制等，建立以需求为导向的团体标准制定模式，提升标准的先进性、引领性，推动团体标准向推荐性国家标准转化，引领消防行业产业实现高质量发展。

人才体系建设：
人才驱动，智力支撑

肖祖德

北京消防协会第五届常务理事会常务理事

消防产品专业分会副主任委员

中消云（北京）物联网科技研究院有限公司总经理

《"十四五"国家应急体系规划》提出，加强专业人才培养。建立应急管理专业人才目录清单，拓展急需紧缺人才培育供给渠道，完善人才评价体系，构建人才集聚高地。协会立足社会化消防服务，高度重视人才体系建设。

2019 年 12 月，协会制定了《五年发展规划》，明确提出要建立完善人才体系，为协会发展提供智力支持。同年出台了《专家服务管理办法》，对专家的基本概念、专业方向、适用领域、聘任条件、入库流程、动态管理、工作档案、工作守则等作出了规定。在协会发展过程中，对于人才体系建设的认识在不断深化，确立了"分类指导、注重实践、严把入口、梯次使用"的工作原则，形成了 4 类专业人才体系。目前，协会已组建包括 41 名特邀全国知名专家、102 名消防领域有突出影响力的本市行业专家、11 名单位会员技术骨干的专业人才库。另有 230 余名特有工种的熟练工人作为候选人才在培养、考察过程中，拟组建专门的分支机构。

五年来，人才体系建设工作，在协会战略规划、重点工作、重大活动等方面，发挥了高端智库、专业骨干的支撑和保障作用。但在实际运行中，与协会自身发展和社会需求还存在一定的差距，仍需不断强化和完善咨询服务、典型项目、标准建设等，加快协会高质量发展步伐。

3

"以会员为中心"的发展思想在规范化建设中的具体体现

"以会员为中心"在规范化建设中，通过完善机制、健全联络、全面服务、强化管理，实现会员数量增长与满意度提升，推动行业健康发展，充分展现积极成果，形成良性循环。

金世明
北京消防协会第五届理事会理事
营口天成消防设备有限公司总经理

发展会员：
机制完善，会员增长

为践行"以会员为中心"的发展思想，协会不断研究和深化对发展会员工作的认识。2021 年，第二十三次会长办公会首次提出：会员是协会所有工作的基础，会员数量和增减趋势是协会在社会上的认知度和会员满意度的晴雨表，是衡量协会发展状况的一个重要标志。2022 年 4 月，协会出台了《全面加强联络会员工作实施方案》，对发展会员工作的认识进一步深化。经过长期探索与实践，协会形成了比较完善的发展会员工作机制。一是明确会员分类，按照社会化消防服务供需关系，将单位会员分为 13 类供给侧、13 类需求侧会员，并预留了新类型发展空间；二是简化入会流程，为落实"放管服"和优化营商环境改革要求，单位会员入会时，仅需提交营业执照和《入会承诺书》，而且可以线上办理；三是注重诚信建设，在鼓励介绍人诚信推荐的同时，允许自主入会，但均需进行信用背景调查；四是做好服务衔接，单位会员入会时，即纳入一个分支机构，启动会员联系机制，开展会员服务。

五年来，发展会员机制逐步完善，效果逐步显现，社会认知度和会员满意度不断提升。单位会员从 2019 年换届时的 660 家到 2024 年 8 月的 1800 余家，持续实现年均 20% 的增长率，为协会持续发展奠定了坚实的基础。但与协会《五年发展规划》设定的目标还有很大差距，需把发展会员作为基础工作持续发力，通过完善内设机构运行机制，不断提升会员满意度和归属感，形成发展会员、联络会员、服务会员、管理会员的良性循环。

陶铁牛

北京消防协会第五届理事会理事
消防信息化专业分会副主任委员
北京安宁威尔应急消防安全科技有限公司总经理

联络会员：
机制健全，沟通顺畅

"从会员中来，到会员中去"是协会贯彻党的群众路线的基本要求，协会《章程》对此作出了明确规定。为此，协会建立了全面的联系会员机制，并不断调整完善。2022 年 4 月 7 日，经第二十四次会长办公会研究，正式印发了《全面加强联络会员工作实施方案》，其中明确提出"要实现工作执行力和组织凝聚力明显增强，社会认知度和会员满意度明显提高，行业代表性和专业权威性明显提升的目标任务，必须建立完善联络服务会员的工作机制"。联系会员机制主要包括以下七项内容：一是分门别类建立企业微信工作群；二是经常性的走近会员活动；三是"秘书处—会员代表—普通会员"两级联系机制；四是定期开展主题会员日活动；五是秘书处部门负责人通过"党员先锋岗"轮流接待会员；六是通过会长信箱畅通会员诉求反映渠道；七是随时接受会员单位到协会交流座谈。

五年来，协会通过微信工作群发布各类信息 3000 余条，会员单位通过微信群开展供需对接每周超过 30 次；协会开展走近会员活动 500 余场，两级联系机制在信息传递中持续发挥重要作用；主题会员日活动内容日趋丰富，轮流接待制度得到了会员的广泛认可；会长信箱成为反映行业诉求的重要渠道，会员来访座谈络绎不绝。联络会员机制作为一项基础性工作，充分体现了协会"以会员为中心"的发展思想，为推动协会发展奠定了坚实的基础。

胡 军

北京消防协会第五届理事会理事
排油烟设施清洗专业分会副主任委员
北京京海康宁生物科技有限公司总经理

服务会员：
服务全面，提升获得感

　　服务会员是"以会员为中心"的发展思想的核心内容。其主要体现在以下十个方面。

　　（一）形象提升。会员入会即取得单位会员资信证书和牌匾，助力拓展业务和形象宣传。协会官网、公众号、接待区宣传屏幕可展示单位会员风采。

　　（二）政策解读。会员可在协会官网和公众号查询、下载相关法律法规、消防行业政策、消防技术标准及宣贯资料。协会适时召开研讨会、培训会，邀请政府部门、专业机构进行权威解读。

　　（三）专业咨询。会员在经营活动中遇到法律或技术问题，可向协会提出咨询申请，协会组织专家研究，出具咨询报告，提出咨询意见。

　　（四）培训交流。会员可以参加协会组织的会员间调研走访、国内外消防协会间考察、学习、交流。会员单位员工可以参加协会线上、线下消防宣传教育，以及定制化消防专项培训。

　　（五）服务推介。会员的新产品、新技术、新模式，可通过协会官网和公众号的"消防产品和服务网络展厅"，以及协会组织的展会和论坛，向社会推广介绍。

　　（六）项目对接。会员可参与协会承接政府购买服务，或受社会单位委托项目后，开展项目对接。信用等级较高的会员，协会将优先推荐。

　　（七）信用评价。会员可主动向协会申报正面信用评价信息，对于负面信用信息，可请求协会依照相关规定，协调相关部门修复不良信息记录。

（八）权益维护。会员在反倾销、反垄断、反补贴等调查，或者行政处罚、行政诉讼活动中，可请求协会依托专家和律师团队提供维权服务。

（九）市场分析。会员入会即可纳入相关分支机构，获取由协会及分支机构编制的《消防行业白皮书》及专项消防产业研究报告等市场分析成果。

（十）关系协调。会员与客户之间，以及会员单位间出现矛盾或纠纷，协会可出面组织沟通协调。会员需与政府部门间建立和维护正当关系的，协会可提供指导。

五年来，协会十项服务会员机制日趋成熟，为全面提升会员获得感，增强协会凝聚力，起到了至关重要的作用。

管理会员：
严格自律，促进行业健康发展

姜立强

北京消防协会第五届理事会理事
排油烟设施清洗专业分会副主任委员
北京路路通保洁服务有限公司总经理

　　管理会员，是协会"以会员为中心"的发展思想的一个重要方面。《北京市消防条例》规定：消防协会和其他有关行业协会应当建立健全行业消防安全自律机制和管理制度。基于此，2019 年 8 月 21 日，第五届理事会第一次会议审议通过了《北京消防协会会员服务管理办法（试行）》，后根据协会发展需要对该办法又进行了两次修订。

　　管理会员机制主要包括思想教育、分类管理、行业自律三种形式。一是在思想教育方面，协会在《五年发展规划》《换届以来阶段性工作总结和全面发展阶段工作思路》等政策性文件中提出，全面管理会员，全面开展以社会化消防工作质量为核心的信用体系建设，强化行业自律，树立维护协会和会员单位的行业声誉。通过宣传渠道，开展经常性的守法诚信经营教育。二是在分类管理方面，为提高管理效能，协会按照社会化消防服务供需关系，将会员分为供给侧、需求侧两大类，并细化为 26 个小类。按照普通会员、会员代表、理事、常务理事、副会长等层级，分别明确各自权利、义务。按照信用等级，纳入服务推荐名录。三是在行业自律方面，协会制定了《行业自律公约》《信用等级评价办法》《信用信息管理办法》《信用积分管理办法》等制度性文件。对于违反协会《章程》和行业管理规范的行为进行惩戒，每年都有个别会员被约谈、警示。根据《入会承诺书》，协会对极个别问题严重的会员进行了除名处理。

　　五年来，协会严格管理，自律强化，使管理会员机制日趋成熟，形成了发展会员、联络会员、服务会员、管理会员的良性循环。

4

规范化运行机制

通过优化办事机构运行，强化分支机构与代表机构职责，我们显著提升了协会的管理和服务效能，为行业发展贡献积极力量。

办事机构运行机制：
部门优化，效能提升

黄 颖

北京消防协会第五届会员代表大会会员代表

江苏铭星供水设备有限公司华北区市场部经理

　　秘书处是协会的办事机构，承担着协会日常运行的服务、管理和保障职能。协会第五届会员代表大会以来，经过两次调整，部门设置和职责任务更加清晰，运行效能不断提高。

　　2022 年 5 月，第五届理事会第十一次会议决定，办事机构调整为综合部、会员部、信息部、培训部、咨询部等 5 个部门，出台了《秘书处部门职责规定》。（一）综合部主要承担综合统筹、日常协调、党建工作、办会办文、档案管理、印章证照管理、财务管理、后勤保障、对外联络等职责。（二）会员部主要承担发展会员、服务会员、完善机构建设、行业自律、信用体系建设、表彰奖励等职责。（三）信息部主要承担收集发布信息、信息化保障、开展内外宣传、开展会员服务推介、整合信息化资源、举办交流活动、指导信息化分会等职责。（四）培训部主要承担开展专业培训、完善机构建设、建立完善"一系统三统一"社会化消防宣传教育培训体系、指导宣传教育培训分会等职责。（五）咨询部主要承担建立专业人才体系、制定行业团体标准、提供消防项目咨询、承接消防课题研究、参与政府制度建设、解读消防行业政策、研究行业发展前景等职责。

　　五年来，通过优化机构设置，细化职责任务，量化绩效考核，秘书处各部门认真履行办事机构职责。在落实理事会和会长办公会部署过程中，充分发挥主观能动性，不断改进工作措施和方式方法，为协会自我完善和可持续发展发挥了"中枢"作用。

周国梁

北京消防协会第五届理事会理事

排油烟设施清洗专业分会副主任委员

北京德众国良环保科技有限公司董事长

分支机构运行机制：
体系完善，效能发挥

分支机构是根据行业发展和业务工作的需求，依据专业领域划分或依照会员特点而设立的专门从事本会专项业务活动的机构，是协会组织体系的重要组成部分。协会第五届会员代表大会以来，协会对分支机构组建和运行进行了大量的探索，形成了比较稳定的工作机制。在协会《章程》中对分支机构作出了专门规定，2021年4月第五届理事会第十次会议审议通过了《分支机构服务管理办法》，对分支机构的基本性质、管理体制、总体分类、工作职责、组建程序及负责人产生流程、活动规则等作出了全面规定。截至2024年8月，协会已组建8个供给侧专业分会、1个需求侧行业分会，以及2个专门机构（专家委员会、实训基地）。考虑到单位会员数量不断增加，为提高运行效率，各分支机构还设立了服务管理委员会，主任委员组织副主任委员和执行秘书，按照职责任务分工开展日常工作。

五年来，各分支机构在服务经济社会发展，特别是完善协会组织体系建设中作出了积极贡献，在协会行业自律、行业交流、指导会员、发展会员等各项工作中，发挥了重要作用。但也存在个别分支机构发展不平衡、活动不积极，缺乏主动性、创造性等问题。因此，分支机构建设作为一项重要的基础性工作，还应通过重新组建、全面管理来更好地发挥其效能。

姜建强

北京消防协会第五届理事会理事

消防设施专业分会副主任委员

北京东方京安消防工程有限公司总经理

代表机构运行机制：
区域联络，服务强化

代表机构是协会在各区级行政区域所设的联络处，是协会组织体系的重要组成部分。2020 年 4 月，协会第五届常务理事会第二次会议审议通过了《北京消防协会代表机构服务管理办法（试行）》；2023 年 12 月，第五届常务理事会第九次会议进行了修订。修订后的办法规定了代表机构的四项主要职责：一是发展会员，推动本地区社会单位加入协会，构建社会化消防工作网络体系；二是联络会员，代表协会向本地区会员传递有关信息，代表本地区会员向协会反映行业诉求；三是服务会员，组织会员开展横向交流，指导会员拓展业务，协调解决会员疑难问题；四是管理会员，组织会员落实协会工作部署，执行协会行业自律和诚信经营的相关制度，建立健全会员信用档案。受新冠疫情影响，代表机构组建工作比较迟缓，但在体制机制建设上，协会一直在探索。

在北京冬奥会期间，为了更好发挥服务国家的作用，协会依托北京亚太银河消防科技集团有限公司、北京玉鼎保信消防科技有限公司，分别成立了石景山联络处、延庆联络处。组织辖区内参与比赛场馆建设、重点场所值守、特殊时段保卫、社会面火灾防控的会员单位，积极发挥社会化消防服务职能，为确保冬奥会消防安全，作出了突出贡献。面向未来，协会仍将深入总结先行先试经验，以全面组建并有效运行为目标，在全市各行政区成立代表机构，不断强化协会的组织基础。

第三篇

内部治理与服务效能提升

发挥作用，是行业协会规范化建设和高质量发展的价值体现。

——五年来，协会在服务会员、服务行业、服务社会、服务国家过程中作了大量探索，不断调整完善服务形式和内容。实践证明，发挥作用效果显著，得到各方普遍认可。

① 服务会员机制

协会十项服务会员机制的日趋成熟，为全面提升协会会员单位的满意度和获得感，增强协会凝聚力，起到了至关重要的作用。

胡永博
北京消防协会第五届会员代表大会会员代表
消防设施专业分会副主任委员
国泰瑞安股份有限公司总经理

形象提升：
塑造品牌优势

形象提升是协会践行"以会员为中心"的发展思想，针对单位会员制定的十大服务项目之一。2021 年 4 月，协会第五届理事会第十次会议审议通过了《北京消防协会会员服务管理办法》，为会员单位提供十项免费或优惠服务。2021 年 8 月，协会第五届常务理事会第五次会议审议通过了《北京消防协会单位会员十大服务项目实施细则（试行）》，以下简称《单位会员十大服务项目实施细则（试行）》，对十大服务项目进行了细化。

形象提升，包括六个方面的主要内容：一是证书牌匾，新入会的单位会员办理入会手续时，免费向会员单位颁发单位会员资信证书和牌匾；二是集中宣传，根据会员单位提供的材料，在协会前台接待区宣传屏幕展示该单位会员风采；三是网络宣传，通过协会官网，微信订阅号、服务号、视频号，免费发布一次单位会员的基本情况；四是专题宣传，在走近会员活动的对外宣传时，发布会员单位形象宣传资料；五是标识展示，在协会公众号固定展示会员单位 Logo；六是直播宣传，到会员单位展示厅或参加展会的活动现场，进行直播。

五年来，通过形象提升工作机制，协会发布会员单位宣传信息 2000 余篇，累计浏览量 35 万余次；制作发布宣传视频百余部，累计播放量 22 万余次；举办直播活动 10 余场，吸引观众观看量超过 3 万人次。通过多渠道宣传，会员单位形象大幅提升，会员满意度和品牌宣传效应初步显现。

张 哲

北京消防协会第五届常务理事会常务理事
建筑防火专业分会副主任委员
北京城建安装集团有限公司副总经理

政策解读：
导航助力发展

政策解读是协会践行"以会员为中心"的发展思想，针对单位会员制定的十大服务项目之一。政策解读主要包含以下四种形式。

一是**解读法律法规**。组织学习《中国共产党纪律处分条例》、消防法、安全生产法、《北京市单位消防安全主体责任规定》等党建、应急管理、消防救援等领域的相关法律法规，指导会员单位贯彻落实相关法律法规要求。二是**解读政策性文件**。对《北京市消防安全专项整治三年行动实施方案》《"十四五"国家应急体系规划》《"十四五"国家消防工作规划》《安全生产治本攻坚三年行动方案（2024—2026年）》等相关政策进行解读。三是**解读规范性文件**。及时转发消防部门发布的《北京市社会消防技术服务机构从业准则》《北京市既有建筑施工动火作业消防安全管理规定（试行）》《聚焦打造"北京服务"持续优化公众聚集场所投入使用、营业前消防安全检查办理六项措施》《优化营商环境消防柔性执法工作规定》等行政规范性文件。四是**解读标准规范**。研究宣贯消防领域国家标准、行业标准、地方标准、团体标准，依托协会专业人才库、各专业分会及专委会，组织召开专题研讨会，研究标准规范内容及对消防业务的具体影响，解决会员单位的相关问题。

五年来，得益于政策解读机制的有效运行，协会不仅成功搭建了政府与社会之间的桥梁，还显著提升了会员单位的获得感和满意度，增强了协会在行业内的影响力和专业权威性。

北京市西城区中磊职业技能培训学校校长
宣传教育培训专业分会副主任委员
北京消防协会第五届理事会理事
张 磊

专业咨询：
智囊支持决策

专业咨询是协会践行"以会员为中心"的发展思想，针对单位会员制定的十大服务项目之一。专业咨询主要包含五种形式。一是日常咨询，通过会长信箱、电话、微信等形式为会员单位提供精准服务，解决个案需求。二是行业咨询，关注消防行业动态，研究消防建审验收、消防技术服务、消防产品、消防信息化、排油烟设施清洗等十多个相关领域的国家法律法规、标准规范及政策性文件，进行政策解读，问题解答。三是技术咨询，依托专业人才库，为相关政府部门、行业协会、社会单位提供消防专业技术咨询服务。四是推荐咨询，推荐优质诚信会员单位参与重点单位、重点工程、重大活动等项目。五是专项咨询，开展包括消防安全评估质量评价、既有建筑装修改造、行业指导意见编制等专项咨询服务。

五年来，通过专业咨询工作机制，咨询部及 100 余位行业专家学者、专业技术人才，为会员单位及社会各界共提供 1000 余次消防咨询服务；为 11 个重点单位、重点项目推荐 63 家会员单位；受委托开展了 8 类专项咨询服务。

专业咨询在提升会员获得感，提高协会行业影响力和专业权威性等方面，发挥了重要作用。协会深信，结合人才体系建设，进一步拓展专业咨询的广度和深度，将会为需求方提供更好的决策咨询与专业支持。

王柳森
北京消防协会第五届理事会理事
万霖消防技术有限公司总经理

培训交流：
技能提升平台

　　培训交流是协会践行"以会员为中心"的发展思想，针对单位会员制定的十大服务项目之一。其主要目的是通过提高会员单位从业人员的专业技能，带动社会化消防服务水平整体提升。

　　培训交流的形式主要包含以下三种。一是基础业务培训，根据《社会化消防宣传教育基础培训教程》，协会制作精简准确、通俗易懂的视频公益课程，会员单位可根据业务类别，每年免费享受一次线上培训；二是专项业务培训，协会以满足消防行业市场和会员需要为目标，有针对性地开展包括消防保安、灭火器维修、排油烟设施清洗、社会化消防培训讲师、物业"两员"等专项培训；三是培训交流活动，协会各内设机构根据工作需要，组织会员单位间调研走访、国际消防协会间考察、学习、交流。此外，协会还将会员单位纳入"一系统三统一"社会化消防宣传教育标准体系，在整合培训资源的基础上，为需求侧会员单位提供有针对性且价格优惠的社会化培训。

　　经过五年的探索和完善，培训交流机制在满足会员需求，提高会员单位的从业人员专业技能，提升会员单位获得感、满意度等方面，发挥了重要作用。面向未来，协会将一如既往地找准会员急难愁盼，拓展培训交流的深度和广度，创新培训交流的形式和内容，从而进一步增强协会的凝聚力。

服务推介：
市场机会拓展

张舰

北京消防协会第五届会员代表大会会员代表

北京华夏蓝鲸消防科技有限公司董事长

　　服务推介是协会践行"以会员为中心"的发展思想，针对单位会员制定的十大服务项目之一。2021年4月，协会第五届理事会第十次会议审议通过了《北京消防协会会员服务管理办法》，为会员单位提供十项免费或优惠服务。2021年8月，协会第五届常务理事会第五次会议审议通过了《单位会员十大服务项目实施细则（试行）》，对十大服务项目进行了细化。

　　服务推介的主要内容包括三个方面。一是线上展示，在协会官网和微信订阅号、服务号、视频号开设"消防产品和服务网络展厅"，对会员单位的新产品、新技术、新模式进行推介。二是会展推广，在协会组织的展会、论坛等活动中对会员单位的产品和服务进行推介。三是现场展示，定期举办主题会员日活动，通过展示会员单位的最新产品和服务，增强会员之间的互动与合作。四是专题采访，针对特殊类型火灾引发的社会热点，对相关会员单位进行专题采访，及时回应社会需求。

　　五年来，通过服务推介工作机制，协会在"消防产品和服务网络展厅"发布会员单位产品信息698篇，累计浏览量35万余次；在展会、论坛及主题会员日等活动中，共为120余家会员单位提供展位和宣传。通过线上线下相结合的推介方式，协会为会员单位提供了一个全方位、多层次的服务推介平台，助力会员单位扩大市场影响力，提升了品牌知名度，为会员单位创造了更多的市场机会和发展空间。

冯庆如
北京消防协会第五届理事会理事
消防设施专业分会副主任委员
北京京安四海消防科技有限责任公司总经理

项目对接：
资源精准配对

　　项目对接是协会践行"以会员为中心"的发展思想，针对单位会员制定的十大服务项目之一。2021年4月，协会第五届理事会第十次会议审议通过了《北京消防协会会员服务管理办法》，为会员单位提供十项免费或优惠服务。2021年8月，协会第五届常务理事会第五次会议审议通过了《单位会员十大服务项目实施细则（试行）》，对十大服务项目进行了细化。

　　项目对接的主要内容包括三个方面。一是广泛宣传。协会负责收集消防行业供需信息，并通过协会官网、公众号，免费向会员单位发布。二是专项对接。协会承接政府购买服务项目，或受社会单位委托服务项目，需要会员单位参与的，优先推荐信用等级较高的会员单位。三是自行对接。会员单位在协会搭建的企业微信工作群等对接平台上，自行发布需对接的项目。

　　五年来，通过项目对接工作机制，协会共收集发布消防行业供需信息2700余条；为中央和军队在京单位、北京市重点工程、重大活动组织单位等推荐信用等级较高的会员单位63家。会员单位通过协会企业微信工作群，就消防安全评估、消防设施检测、消防产品等项目自行对接，每周30余次。有效整合和发布行业信息，促进了会员单位之间的交流与合作，同时为信用良好的会员单位提供更多的参与机会。协会始终致力于促进会员之间的协同发展和资源共享，切实帮助会员单位提升市场竞争力，实现共赢发展。

信用评价：
自律·公信·强化

李 超

北京消防协会第五届理事会理事
电气防火专业分会副主任委员
北京航天常兴科技发展股份有限公司副董事长

　　信用评价是协会自律机制的重要组成部分，它也是协会针对单位会员提供的服务之一。2021 年 4 月，协会第五届理事会第十次会议审议通过了《北京消防协会会员服务管理办法》。同年 8 月，协会第五届常务理事会第五次会议审议通过了《单位会员十大服务项目实施细则（试行）》，对会员十大服务项目进行了细化。

　　信用评价概括为以下三方面内容。一是归集信用信息。协会及时收集会员单位的基础信息、业绩信息、质量核查信息、服务反馈信息、行政处罚信息、行业贡献信息等信用信息。二是分级分类管理。协会坚持以服务质量为核心的指导思想，开展会员单位信用等级评价，对会员单位实行分级分类管理。三是强化结果运用。包括建立信用信息档案，建立《严重失信名单》，主动向社会公开信用等级评价结果，向政府监管机构通报信用等级等。

　　五年来，协会先后制定了《信用等级评价办法》《信用信息管理办法》《信用积分管理办法》等制度，为协会开展信用评价提供了制度支撑。2023 年，协会全面启动了信用等级评价工作，评审公布 54 家会员单位提升为 3A 级；推荐了 25 家会员单位参加"北京市共铸诚信企业"活动；有效激励和带动广大会员树立诚信经营理念，强化了行业自律，提升了服务质量；实施有效的信用评价，旨在促进健康有序的消防工作环境，进而更好服务于首都的高质量发展。

周 昂

北京消防协会第五届理事会理事

建筑防火专业分会副主任委员

北京城建天宁消防有限责任公司总经理

权益维护：
法律护航会员

　　权益维护是协会践行"以会员为中心"的发展思想，针对单位会员制定的十大服务项目之一。2021 年 4 月，协会第五届理事会第十次会议采纳了《北京消防协会会员服务管理办法》。同年 8 月，第五届常务理事会第五次会议审议通过了《单位会员十大服务项目实施细则（试行）》，对十大服务项目进一步细化。会员单位在反倾销、反垄断、反补贴等调查，或者行政处罚、行政诉讼活动中，遇到困难时，会员部、咨询中心、专家委员会依托专家和律师团队提供维权服务。除专家、律师的费用以外，协会不另行收取费用。

　　五年来，协会在维护会员权益方面做了大量工作。一是宣传法规政策，提高会员维权意识。通过组织政策宣贯和专题讲座，为会员单位普及反垄断、反不正当竞争、行政许可、行政处罚、行政诉讼等方面的法律知识，在提高会员单位遵法守法意识的同时，也提高了维权意识。二是畅通反馈渠道，创造维权条件。协会通过"我为会员办实事""走近会员""会长信箱"等多种形式，持续开展实地走访联络调研活动，了解会员单位的痛点、难点问题。三是研究具体案情，精准提供服务。应会员申请，对具体案件、事件进行深入研究，向行政机关、司法机关出具关于维护会员权益的意见。

　　权益维护机制在化解社会矛盾、提升会员获得感等方面发挥了重要作用。

市场分析：
洞察行业趋势

田立秋

北京消防协会第五届理事会理事
建筑防火专业分会副主任委员
北京卓达宏安系统工程有限公司副总经理

　　市场分析是协会践行"以会员为中心"的发展思想，针对单位会员制定的十大服务项目之一。2021年4月，协会第五届理事会第十次会议审议通过了《北京消防协会会员服务管理办法》。同年8月，协会第五届常务理事会第五次会议审议通过了《单位会员十大服务项目实施细则（试行）》，对十大服务项目进一步细化。各分支机构负责组织编制相关领域的专项消防产业研究报告，形成市场分析成果。会员入会后，即可获取由协会及分支机构编制的《消防行业白皮书》及专项消防产业研究报告等市场分析成果。

　　协会在市场分析方面做了以下工作。一是发布行业领域白皮书。排油烟设施清洗专业分会通过持续的市场调研和数据分析，先后发布《排油烟设施清洗行业2023年市场分析报告》《集排油烟设施清洗行业2024年市场分析报告》。二是发布专项研究报告。北京丰台长峰医院"4·18"重大火灾事故发生后，协会坚持问题导向，针对不同类型场所消防工作特点开展典型场所火灾风险隐患排查整治专项调研，形成8篇调研报告，为提升社会化消防服务提供了精准导向。三是拓展市场分析形式。协会通过举办专业技术论坛、会员代表大会、分会年会等方式，为会员提供深入的市场分析和最新的行业趋势动态，助力会员制定市场策略，优化产品服务，提高市场竞争力。

　　五年来，市场分析机制发挥了一定作用，但在全面性、时效性等方面，与会员诉求还存在差距。因此，未来仍需充分发挥各分支机构作用，不断探索完善市场分析机制。

柴园媛

北京消防协会第五届会员代表大会会员代表

北京联城正安智能消防安全技术有限公司总经理

关系协调：
和谐共赢桥梁

关系协调是协会践行"以会员为中心"的发展思想，针对单位会员制定的十大服务项目之一。分支机构负责协调会员间的业务纠纷；代表机构负责会员单位与当地政府有关部门和其他社会组织之间的关系；会员部、培训部、信息部、咨询部负责调解会员单位与客户之间的矛盾或纠纷；协会负责人负责主动协调市级政府部门和有关组织，反映行业诉求，参与政策制定，争取行业发展空间。

一是分支机构、代表机构充分发挥作用。石景山联络处协调属地政府和其他组织，为属地会员提供交流分享平台，提供普惠金融等政策宣讲服务；油烟清洗、消防设施、储能等分会，在协调业务纠纷的基础上，还协调资源共享，谋求共同发展。二是办事机构及时化解矛盾。通过会长信箱和值班接待机制，协会各部门对会员之间、会员与客户之间出现的纠纷进行及时化解，有效避免矛盾升级。三是协会负责人主动与政府有关部门沟通。在法规修订、行政规范性文件出台、地方标准制定工作中，协会负责人积极参与，建言献策，及时反映行业发展诉求。

五年来，关系协调机制发挥了一定作用，但在运行效果上还有很大提升空间。因此，协会持续协调各方面关系纳入协会基本职能，在消防安全社会治理中发挥行业社会组织特有的作用。

② 服务行业机制

　　通过落实多项制度，如展会论坛搭建、成效评估治理、背景调查信用自律等，协会在服务消防行业、提高会员满意度和增强协会凝聚力方面取得了显著成效。

冯立占

北京消防协会第五届理事会理事

电气防火专业分会副主任委员

北京安亿通消防安全技术有限公司技术负责人

展会论坛：
搭建交流平台

在消防行业领域举办会议会展，是协会《章程》规定的基本业务范围。2019 年 12 月，协会第五届常务理事会制定了协会《五年发展规划》，明确提出要坚持需求导向，强化会员服务。根据会员单位的不同需求，结合行业和专业特点，以及法规政策和技术标准调整所带来的变化，适时举办有针对性的展会和论坛，搭建供需资源共享渠道和平台。

五年来，协会先后举办了第一届至第四届社会化消防秋季论坛，每届论坛都结合了不同的主题或公益活动，如第一届论坛主题为《安全生产专项整治三年行动计划》政策解读会公益活动；第二届为力升高科耐高温消防机器人产品交流研讨会；第三届为排油烟设施清洗技术服务高质量发展论坛；第四届为"2023 中国国际应急管理展览会专场活动——综合性消防救援关键技术与装备"国际研讨会。第五届将围绕"推动首都社会化消防工作服务高质量发展"的主题展开。作为支持或协办单位，协会组织会员单位参与了 2024 北京国际安全应急产业博览会、2023 中国（北京）应急智能装备博览会、第五届天津（国际）安全应急产业博览会、第二届安全应急管理人才建设大会等多场专业展会，并与北京市消防救援总队在 2023 年北京科技周联手打造"消防科技，就在身边"消防安全展示活动。

通过展会论坛活动，为会员单位提供了展示平台，促进了会员与社会单位之间的交流与合作。展会论坛作为重要抓手，将充分发挥行业协会的服务优势和独特作用，实现消防服务企业与社会需求单位的良性互动，使社会化消防服务资源得到有效整合、充分利用。

成效评估：
治理效能提升

梁滨

北京消防协会第五届会员代表大会会员代表

北京久久神龙消防器材有限公司产品中心总监

　　成效评估是一种系统化、规范化、科学化的评价流程，旨在全面、客观、准确地衡量各项工作取得的实际效果。协会按照"定期自评，哪儿弱补哪儿"的思路，对照《北京市社会组织评估实施办法》指标体系，形成了五个方面内容的成效评估机制。

　　一是内部治理方面。突出会员发展，夯实组织基础。在此基础上着力推动办事机构高效运行，分支机构积极开展活动。通过交流学习，不断促进内部规范管理。

　　二是党的建设方面。创新提出"党旗向会员延伸"工作理念，通过组织建设、组织生活、党员教育管理，充分发挥协会党支部作用，全面推动党的组织覆盖和工作覆盖。

　　三是发挥作用方面。在全面推进服务会员、服务行业、服务社会、服务国家"四个服务"基础上，努力践行"以会员为中心"的发展思想，提升会员的获得感和满意度。

　　四是遵章守纪方面。始终坚持"规范运行"，在变更登记、章程核准、备案管理、重大事项报告、年检年报、等级评估、理事会监事会换届、日常监管整改等环节，严格依法依规办理，积极配合有关部门执法检查，确保了运营管理的合规性、非营利性。

　　五是诚信建设方面。及时公开基本信息、年检年报信息、重大活动信息、财务信息，认真履行诚信承诺，积极参加登记管理机关、行业主管部门和党建领导机关的评价活动，实时关注新闻媒体、网络宣传报道，全面规范工作，减少负面舆情。

李 涛

北京消防协会第五届会员代表大会会员代表

排油烟设施清洗专业分会副主任委员

北京峰涛立洁保洁有限公司总经理

背景调查：
强化信用自律

2022 年 3 月，中共中央办公厅、国务院办公厅发布《关于推进社会信用体系建设高质量发展促进形成新发展格局的意见》。为发挥社会组织在社会信用体系建设中的作用，协会在落实"放管服"要求，在实行入会承诺制的基础上，积极履行行业自律职能，探索建立了背景调查机制。该机制的主要内容是，在入会和年检过程中，对单位会员的信用信息进行调查了解。一是实地调研。通过常态化实地走访会员，更全面、准确地了解会员的实际经营情况。二是网站核查。利用信用中国、"开放北京"公共信用信息服务平台、国家企业信用信息公示系统、企查查等专业网站，对信用信息、登记状态、经营信息、风险信息等进行核查。三是电话回访。针对会长信箱等渠道收集的投诉举报信息，通过电话一对一联系投诉人及被投诉企业进行核查，更快捷客观地了解实际情况。

五年来，协会通过背景调查机制，在降低入会门槛、简化入会手续、提高办事效率的同时，有效提升会员质量，维护行业自律及协会形象，降低潜在的风险。同时，背景调查机制也为落实《单位会员十大服务项目实施细则（试行）》中的信用评价、项目对接等方面提供重要的参考依据。

会长信箱：
畅通诉求渠道

朱 刚

北京消防协会第五届理事会理事
消防产品专业分会副主任委员
北京科力恒消防装备有限公司董事长

　　协会第五届会员代表大会以来，协会始终坚持"以会员为中心"的发展思想，把"畅通信息渠道，及时反映行业诉求"作为一项重要职能，努力发挥桥梁纽带作用。2020年10月，中共北京市委、北京市人民政府印发《关于进一步深化"接诉即办"改革工作的意见》。2021年9月，《北京市接诉即办工作条例》发布施行。协会根据上述意见和条例精神，不断完善会长信箱工作机制，在协会官网开通《会长信箱》服务栏目。接受有关消防社会组织建设、社会化消防服务方面的各种建议、咨询、投诉等。按照"事事有着落、件件有回音"的要求，秘书处建立了信件流转机制，做到统一收集、分类处理、逐一回复。

　　五年来，收到并回复各类信件236件。通过快速响应与高效办理，不仅杜绝了问题的重复出现，更赢得了绝大多数诉求人赞扬。会长信箱工作机制的有效运行，进一步密切了协会与会员的关系，畅通了会员诉求反映渠道，促进了协会内部治理。同时，一些合理化建议也通过协会反映给有关部门，为首都地区的法规政策制定和地方标准建立提供了重要参考，为助力形成共建共治共享的社会化消防安全治理格局，发挥了重要作用。

何歆伟
北京消防协会第五届会员代表大会会员代表
北京四信数字技术有限公司总经理

专项约谈：
精准管理服务

专项约谈是指为了弄清事实，约请特定会员，就专门问题开展个别谈话的一种沟通方式，是协会贯彻"以会员为中心"的发展思想，全面管理会员的重要手段。专项约谈主要有三种形式。一是收集会员诉求。遇到纠纷或矛盾时，专项约谈是协会与会员进行深入交流的最有效方式。协会通过与会员深入了解和沟通，可以直接、有效地了解和掌握会员的真实情况，包括其经营状况、发展需求以及遇到的困难等，为会员提供有针对性的支持和帮助，提升会员的获得感。二是研究专项问题。协会在宣传普及行业政策和法律法规过程中，应对有不良倾向的会员进行教育引导，树立其合规意识，确保其在经营过程中能够自觉遵守相关法律法规，从而维护健康的市场秩序和消费者权益。这种宣传和引导，对于促进消防行业健康发展，构建和谐的市场环境具有重要意义。三是调查违规行为。协会依据《章程》《行业自律公约》《信用等级评价办法》《入会承诺书》等规范性文件，对举报投诉的违规线索进行核实，对违反行业管理规范的行为进行惩戒。经调查核实，每年都有极个别问题严重的会员被作出除名处理。

五年来，专项约谈机制在协会有序运行中日趋成熟，在化解社会矛盾，服务行业创新，促进行业健康发展，落实行业自律等方面发挥着重要的作用。

值班接待：
面对面服务会员

王 宇

北京消防协会第五届理事会理事
消防信息化专业分会主任委员
天泽智联科技股份公司总经理

  2019 年 12 月，协会第五届常务理事会制定了《五年发展规划》，提出"坚持以会员为中心的发展理念"。牢固树立"为了会员、依靠会员、发动会员，从会员中来，到会员中去"的理念，实现由管理到服务的转变。2021 年 8 月，《换届以来阶段性工作总结和全面发展阶段工作思路》提出要"落实'以会员为中心'的发展理念"。为此，协会建立了值班接待机制，即每天安排一名部门以上的负责人亲自接待来协会办事的会员。这一机制是协会落实"以会员为中心"的发展理念的具体体现，也是促进协会全面发展的重要举措。

  五年来，通过值班接待机制，协会积极落实"以会员为中心"的发展理念，面对面服务会员，为其提供了如来访接待、办证服务等工作，赢得了会员的广泛赞誉。一是提升了会员满意度。协会能够第一时间倾听会员的意见和建议，并及时回应和解决会员关注的问题，大大提升了会员对协会的满意度。二是增强了协会凝聚力。值班接待机制让会员感受到协会的关心和支持，增强了会员对协会的归属感和认同感，进一步提升了协会的凝聚力。三是提升了协会形象和地位。通过面对面的交流，增加了资源共享、合作发展的机会，提升了协会在会员中的形象和声誉，同时也增强了在行业内的影响力和地位。

③

服务社会机制

　　构建系统化的消防安全服务框架，弘扬志愿精神，普及消防知识，培育专业消防人才，搭建多元合作平台，显著提升公众消防安全意识与自救互救能力，为社会化消防教育贡献积极力量。

杨慧

北京消防协会第五届会员代表大会会员代表

北京玉鼎山庄渡假村有限公司主任

志愿服务：
弘扬志愿精神

　　志愿服务是社会文明进步的重要标志，也是弘扬和践行社会主义核心价值观的重要渠道。奉献、友爱、互助、进步的志愿精神，与协会核心理念高度契合。《志愿服务条例》和《北京市志愿服务促进条例》鼓励社会组织成立志愿服务队伍，开展专业志愿服务活动。2019年12月，协会第五届常务理事会第一次会议制定的《五年发展规划》中，把组织建设消防志愿者队伍，配合重大活动，开展消防志愿服务作为创建消防宣传教育培训机制的重要内容之一。2023年6月5日，协会正式在"志愿北京"平台注册成为志愿团体。同年8月，发布《北京消防协会志愿服务实施办法》，对职责划分、人员结构、活动内容形式及流程等方面进行了统筹规划，规范开展消防志愿服务活动。同时面向会员单位、退役消防老兵以及热心消防公益事业的社会各界人士，公开招募消防志愿者。

　　目前，已有100余人加入协会志愿组织。参与日常消防宣传，如消防宣传月、清明节、防灾减灾日、安全生产月等重点时段。协会组织了"消防宣传进社区"等多项宣传活动，参与达400余人次。志愿服务机制的建立和日常消防宣传志愿服务活动的开展，在提高公众消防安全意识、普及消防科普知识、增强公众自救互救技能等方面起到了积极的作用。

　　实行志愿服务机制是协会服务会员、服务社会的重要举措之一，此机制不但进一步提高了协会会员的专业性和实效性，而且在社会化消防工作高质量发展过程中，发挥了志愿服务的积极作用。

李 飞

北京消防协会第五届会员代表大会会员代表

北京东汉阳光科技有限公司总经理

科普宣传：
普及消防知识

　　依据《北京市消防条例》，北京消防协会承担着宣传消防法律法规和普及消防专业知识的重要职能。第五届会员代表大会以来，协会在社会化科普消防宣传方面进行了创新探索。2019 年 12 月，协会第五届常务理事会制定的协会《五年发展规划》将"依托消防宣传教育培训专业分会，开展消防宣传，普及消防科学技术知识，传播和推广科学精神、科学思想和科学方法，提高全社会的消防意识"作为创建消防宣传教育培训机制的重要内容。基于此，协会采取了如下举措：

　　一是基地科普。协会于 2021 年 5 月启动了公益宣传基地征集工作。经过申报、核查、筛选流程，15 家会员单位被评选为"北京消防协会公益宣传基地"，并进行了挂牌。二是线上科普。通过协会"一网三号"发布科普宣传视频、制作公益宣传课，运用融媒体技术和业务资源优势，积极探索创新经常性消防科普模式。三是活动科普。协会连续 4 年举办包括"119 消防知识竞赛""消防宣传进社区"在内的多项活动，同时鼓励志愿者录制科普视频，并发动会员单位积极参与公益宣传。

　　五年来，协会的科普宣传机制有效提升了市民的消防安全素质，科普宣传知识的普及惠及 100 余万人次。科普宣传机制在社会化消防工作高质量发展过程中，更好地发挥了积极作用，为协会深化开展消防安全科普教育作出了突出的贡献。

教育培训：
培育专业人才

胡梅玉
北京消防协会第五届理事会理事
北京天一星熙消防安全技术检测有限公司总经理

在《北京市消防条例》的明确指导下，北京消防协会被赋予了重要使命，其中包括对消防相关从业人员进行培训，以及为消防技术服务机构提供工作指导，旨在全面提升消防安全工作的专业性和有效性。第五届会员代表大会以来，协会针对特定群体的需求，探索形成了以下三个方面的教育培训机制。

一是消防行业特有工种职业技能培训。根据《社会消防安全教育培训规定》和《社会消防安全培训机构设置与评审》（GA/T 1300—2016），协会对入会的14家一类消防安全培训机构实施了内部评审流程，评审结果供有关部门参考。五年来，这些消防安全培训机构为消防技术服务机构培养并输送了多名专业技能人才。二是消防法规政策和技术标准宣贯培训。针对陆续出台的《高层民用建筑消防安全管理规定》《北京市单位消防安全主体责任规定》《养老机构消防安全管理规定》《北京市既有建筑施工动火作业消防安全管理规定（试行）》《消防控制室火警处置规范》（DB11/T 2104—2023）等国家和地方性法规、行政规范性文件、消防技术标准，有针对性地组织供给侧或需求侧会员单位，及时开展学习宣贯和专题培训。三是社会化消防安全教育培训。围绕"谁培训谁，培训什么、怎么培训、培训到什么样"等问题，协会制订了《提升社会化消防宣传教育水平总体工作方案》，经过四年来的不断实践与完善，已形成了以社会化消防宣传教育培训信息系统、统一师资、统一教材、统一评价为主要内容的"一系统三统一"的培训模式，并取得了良好的社会效果。

协会培训教育体制的构建与完善，不断提升了协会专业培训的权威性，也使协会获得了行业市场的品牌认可。

曲春义

北京消防协会第五届理事会理事

电气防火专业分会副主任委员

北京虹仪消防技术服务有限公司检测部部长

对外合作：
拓宽合作领域

　　对外合作是社会组织实现其职能和目标的重要途径之一，也是协会的核心理念之一，对外合作机制在协会全面发展中发挥着重要作用。

　　一是与政府合作。协会与市应急管理局、市司法局、市卫生健康委、市规划自然资源委、市住房城乡建设委、市交通委、市城市管理委、市消防救援总队及各支队等 20 余个政府有关部门，建立了密切的沟通联系与定期的工作汇报机制。二是与消防行业协会合作。协会与中国消防协会，天津市、河北省等 26 家省级消防协会，以及青岛、深圳等 4 个城市的消防协会建立了合作关系。三是与本市其他社会组织合作。协会与北京市安防协会、物业协会、餐饮协会等 100 余家市级行业协会商会、基金会、民办非企业单位建立了长期合作机制。四是与科研机构合作。协会与中国安科院、中国建研院、中国警察大学、中国应急救援学院、北京邮电大学、北京科技大学等 20 余所高等院校、研究机构，建立消防领域新技术的推广合作机制。五是与重点企业合作。协会通过专业培训和专项研究，与国家电网、建设银行总行、农业银行总行、三一重工、新兴集团等近 20 家央企、国企及有代表性的行业龙头企业建立了合作关系。六是与专门机构合作。协会与律师事务所、会计师事务所等 10 多家专门机构建立了经常性的合作关系。七是国际交流合作。协会与美国、德国、日本等国家消防领域的相关机构开展国际交流合作。

　　五年来，通过深化拓宽行业领域，采取多方交流合作，不断扩大协会的社会影响力和行业引领作用，对外合作机制效果显著。

4

服务国家机制

    聚焦于行业智库建设以及科技创新推广，以确保行业协会在专业研究与科技创新领域的服务与国家战略需求相匹配，通过内部治理机制的优化，促进行业内外资源的有效整合与应用。

王大鹏

北京消防协会第五届理事会理事
建筑防火专业分会主任委员
中国建筑科学研究院有限公司建筑防火研究所主任

专业研究：
助力行业发展

在消防行业领域开展技术、政策、执行等方面专业研究，是协会的基本业务。自2019年换届以来，协会积极开展各类研究工作，主要包含三种形式。

一是日常研究工作。随时关注消防安全形势，分析火灾事故案例，研究相关领域的消防隐患排查、消防安全管理、消防疏散演练、火灾事故调查等技术问题。依托协会专业人才库，为会员单位和有需求的社会单位提供咨询服务。二是行业研究工作。深入研究最新消防政策、法律法规、技术标准，以及消防行业发展状况，依托各专业分会及专委会，收集消防各领域行业数据及资讯，对消防市场进行分析，形成高质量行业调研报告，研判消防行业发展趋势。三是专项研究工作。受政府部门、高校等委托，深入研究医疗机构、剧本娱乐、文物古建、教育机构、物业服务、高层住宅、电动汽车、电动自行车、次生地质灾害等各领域消防安全风险和防范措施，开展消防安全隐患排查、消防安全评估质量评价、应急疏散演练、既有建筑装修改造等专项研究工作，通过深度调研和专家论证方式，发现各领域存在的消防安全问题，提出针对性解决方案。

五年来，协会开展的各类专业研究，在提升协会专业权威性、体现专业价值、履行服务职能等方面发挥了重要指导作用。

王杨

北京消防协会第五届理事会理事
北京华安泰达消防科技有限公司总经理

科技创新：
引领技术前沿

消防法规定，国家鼓励、支持消防科学研究和技术创新，推广使用先进的消防和应急救援技术、设备。第五届会员代表大会以来，协会把科技创新作为创新发展的重要内容之一，持续探索推进。其主要开展了三方面工作。

一是营造科技创新氛围。协会积极参加"北京科技周"活动，与北京市消防救援总队联手打造了"消防科技，就在身边"消防安全展区，向市民提供了消防安全知识答题机、VR 仿真模拟灭火设备、四足机器狗、家庭安全用电系统等消防产品体验，为会员单位提供展示平台，让社会各界了解消防行业的先进理念、前沿技术和相关产品。二是开展科研创新研究。协会开展了创新工程类——救援现场次生灾害风险预警与防控指挥辅助研究项目，针对地质灾害复杂环境下的救援防护需求，科学总结灾害现场救援经验，为救援人员精准应对次生地质灾害提供规范化、流程化、智能化决策支撑，保障救援现场次生地质灾害救援人员生命安全。三是推广科技创新应用。协会与北京邮电大学共同组织开展"地下空间灾情信息感知与应急通讯装备"测试项目，对灾情信息感知与应急通讯装备进行灾情通信通道评估、信息感知与采集、单兵人员轨迹定位、无人车自主探索及越障等方面的演练，并对所开发的产品进行推广与宣传。

五年来，科技创新为消防新技术、新产品提供了推广、展示和交流的平台。但在广泛性和经常性上，它还有很大的提升空间，需进一步融入国家科技创新战略大局，更好地服务国家、服务社会。

沈炎明

北京消防协会第五届会员代表大会会员代表

中电投工程研究检测评定中心有限公司技术总工

服务中心：
聚焦首都发展

北京作为首都，是全国的政治中心、文化中心、国际交往中心、科技创新中心，这是北京的核心功能定位。第五届会员代表大会以来，协会紧紧围绕"四个中心"开展服务。

一是服务政治中心建设。协会会在每年两会、春节等重大活动或重要节日期间发布倡议书，积极引导会员单位提升政治责任感，做好社会化消防服务保障工作，自觉履行社会责任。二是服务文化中心建设。协会通过创建"100 名消防老兵讲故事，庆祝建党 100 周年"公益品牌、连载大型报告文学《大兴安岭的呼唤》、授予 15 家会员单位"北京消防协会公益宣传基地"等形式，营造了具有消防特色的文化氛围，通过多种形式的宣传不断增强全社会消防安全意识。三是服务国际交往中心建设。协会立足行业特点，积极参与了中国国际消防设备技术交流展览会、北京国际安全应急产业博览会、中国国际应急管理展览会，并成功承办了综合性消防救援关键技术与装备国际研讨会等专场活动。与美国、德国、日本等国家的消防行业社会组织开展国际交流，推动了消防领域国际合作。四是服务科技创新中心建设。协会与北京市消防救援总队联手打造科技周"消防科技，就在身边"消防安全展区，向社会展示和推广先进的防灭火装备和智慧消防产品。与北京邮电大学等多家高校、科研机构开展消防装备新技术研发测试。定期举办"社会化消防服务秋季论坛"，为消防新技术、新产品提供展示、推广和交流的平台。

五年来，服务中心机制始终坚持服务中心、服务大局的理念，持续发挥服务作用，为首都"四个中心"功能建设作出了积极贡献。

文化建设：
弘扬消防精神

王建国
北京消防协会第五届会员代表大会会员代表
北京清荣工程检测鉴定有限公司总工

　　党的十八大以来，以习近平同志为核心的党中央在领导党和人民推进治国理政的实践中，把文化建设摆在全局工作的重要位置，推动我国文化建设取得历史性成就、发生历史性变革。协会把消防文化建设作为弘扬消防公益精神、推进消防社会化进程的一项重点工作，同时也作为党建与业务融合的重要结合点。2019年，协会制定《五年发展规划》，明确提出要创建消防文化建设机制，以消防文化建设为载体，弘扬消防公益精神。

　　五年来，协会积极发掘北京消防资源，邀请消防老兵和有资历的社会单位消防管理人员，梳理北京消防发展历史，讲好北京消防故事，开展了三项文化建设活动。一是举办了"100名消防老兵讲故事，庆祝建党100周年"公益活动；制作102集专题纪录片；编辑出版纪实性图书《永不磨灭的印记——消防老兵讲故事》，作为党建项目入选北京市社会组织党组织"党建强发展强"品牌项目。二是参与公益影视剧创作。组织有实力的会员单位，发挥专业优势，把消防知识融入文化作品，参与拍摄消防影视作品《冬奥一家人》。三是制作连载大型报告文学《大兴安岭的呼唤》，动员参与过大兴安岭特大森林火灾扑救的消防老兵，讲述当年艰苦卓绝的灭火战斗场面，从救火者的角度，唤起社会对森林防火工作的重视。

　　文化建设机制的深化，不仅弘扬了消防公益精神，也为协会打造了响亮的文化品牌。

马伟程

北京消防协会第五届理事会理事

北京市清大东方消防职业技能培训昌平学校有限公司副校长

社会化消防安全培训：
强化安全教育

2023 年 7 月，为了有效推进"一系统三统一"的培训体系落地实施，协会发布了《社会化消防安全培训实施办法》，对主要方面进行了明确。

一是明确了适用范围。本会发布的团体标准《社会化消防安全教育培训指南》中所列的，由培训主体单位自行组织，经本会监督和认可的；由培训主体单位发起，委托本会或第三方机构组织实施的；由本会发起或联合其他社会组织共同发起，面向社会公众特定人群组织的社会化消防安全教育培训。

二是明确了工作原则。社会化消防安全培训坚持系统化、规范化、专业化的原则，以团体标准《社会化消防安全教育培训指南》为依托，实行项目化管理。

三是明确了培训内容。针对不同培训对象消防安全基础知识技能和岗位特点的个性化需求，以本会编制的《社会化消防宣传教育基础培训教程》为基础，形成"N+1"培训课程体系。

四是明确了培训流程。社会化消防安全培训一般按照项目筹备、确定对象、调研需求、签订协议、编制课程、理论学习、实操演练、效果评价、发放证书、项目总结等流程进行。

五是明确了合作模式。合作模式分为由培训主体单位自行组织，愿意纳入社会化消防安全培训体系的；由培训主体单位发起，委托本会实施的；由培训主体单位发起，委托第三方机构实施的；由本会发起，针对特定人群的培训项目；由本会联合其他社会组织共同发起，针对特定人群的培训项目 5 种。

六是明确了保障措施。从费用、协议等方面作出规定，对打击假冒行为提出了处理措施和办法。

　　社会化消防安全培训是一项基础性工作机制，对于提升公众消防意识和自救能力至关重要。在内容、方式及评估上需持续优化，以更精准地满足需求，为构建安全社会贡献力量。

第四篇

消防公益与品牌项目

品牌项目，是行业协会规范化建设和高质量发展成果的集中体现。

——五年来，经过长期坚持不懈的培树，一些典型项目在协会发展过程中发挥了重要的示范引领作用，有的已经打造为北京消防协会的品牌和名片，有极大的推广价值。

① 综合类项目

协会通过脱钩改革、疫情防控显著提升自身活力，并推动京津冀协同发展，支持首都高质量发展，彰显了行业协会在重要时期的积极作用。

王希阳

北京消防协会第五届会员代表大会会员代表

北京翼达环保科技有限公司总经理

脱钩改革：
站在新的历史起点上砥砺前行

  推进行业协会商会与行政机关脱钩是党中央、国务院为深化体制改革而作出的重要决策部署，也是第五届会员代表大会面临的重大历史转折。2019 年 11 月，依据《北京市行业协会商会与行政机关脱钩改革工作方案》要求，协会按照去行政化的原则，落实"五分离、五规范"的改革要求，加快转变政府职能，创新管理方式。协会本着"脱胎换骨、艰苦创业"的精神，把脱钩改革作为一项历史性政治任务，根据北京市行业协会商会与行政机关脱钩联合工作组办公室召开的"全面推开行业协会商会与行政机关脱钩改革工作动员部署暨专题培训会"精神，周密部署、精心组织、扎实开展脱钩工作。2019 年 11 月至 2021 年 3 月，历时一年半的时间，顺利完成"机构分离""职能分离""资产财务分离""人员管理分离""党建外事等事项分离"的脱钩改革任务。

  作为成功转型的行业协会代表，协会荣幸受邀参加了全国脱钩领导小组办公室召开的脱钩改革座谈会，汇报了协会在脱钩改革中的做法、成效、面临的问题、脱钩后的发展思路等，得到了国家发展改革委、民政部等相关领导的高度认可。完成脱钩任务后，协会践行"以会员为中心"的发展思想，坚持"党建引领、规范运行、创新发展"的发展原则，以全新的面貌组织带领广大会员积极融入新发展格局，进入"自主办会、规范办会"的新模式。充分发挥政府与市场、社会之间的桥梁纽带作用，积极服务北京"四个中心"建设，不断开创社会化消防工作新局面，确保"脱钩不脱力，发展不停滞"。

王宏庆

北京消防协会第五届理事会理事

北京利达华信电子股份有限公司质量总监

疫情防控：
我们一起共渡难关

　　2020年，突如其来的新冠疫情给我们的生活带来了前所未有的影响和挑战，协会作为社会公共服务体系中的重要一员，深知疫情就是命令，防控就是责任。在疫情持续的那几年，始终坚决贯彻落实党中央国务院、市委市政府及上级党组织的各项决策部署，开展了多项疫情防控工作。

　　一是强化党建引领。成立了以党员为主的疫情防控领导小组，充分发挥党组织的战斗堡垒作用，积极参与社区党员志愿服务，带领全体会员单位投身疫情防控工作。二是广泛宣传发动。在协会"一网三号"开辟专栏，先后发布了有关疫情防控的科普宣传文章50余篇、关于做好疫情防控工作的提示20余份以及多篇会员单位在疫情期间的感人事迹。三是全力保障重点。发挥行业优势，助力疫情防控，组织协会专家参与北京市多个应急方舱医院项目的消防设计论证会，发动会员单位为北京小汤山医院等抗疫一线单位，累计捐赠消防器材、防疫物资达20万元。四是有效服务会员。指导帮助会员单位有序复工复产，为其邀请专家就《关于继续加大中小微企业帮扶力度加快困难企业恢复发展的若干措施》进行政策解读。同时，开展疫情防控与复工复产专项调研活动，共覆盖997家会员单位，为促进行业的稳定复苏和长远发展打下了坚实基础。

　　协会在疫情期间所做的工作得到了上级多个部门的认可，市行业协会商会综合党委特设86期工作简报进行宣传，市科协党建工委也发来感谢信，表扬协会及其会员在疫情防控期间助力打赢疫情防控阻击战、保障人民群众生命安全所作的贡献。

北京消防协会第五届会员代表大会会员代表

王 军

排油烟设施清洗专业分会副主任委员

北京佰易和环保工程有限公司总经理

服务首都高质量发展：
我们在行动

换届以来，协会始终坚持在助力首都经济社会发展、促进科技创新、服务重大发展战略等方面积极作为。2023 年 9 月，根据《北京市民政局关于开展市级行业协会商会服务首都高质量发展专项行动的通知》，协会制定发布了《北京消防协会服务首都高质量发展专项行动实施方案》，明确了"六个一"任务目标，即形成一份高质量的行业调研报告、壮大一支专业技术和技能人才队伍、搭建一个信息化供需对接服务平台、推出一批利于行业发展的团体标准、打造一个具有行业特色的品牌项目、颁布一部维护行业发展秩序的自律准则，构建完善行业服务的常态化、长效化新格局。同时，把专项行动作为协会五年发展规划固化提升阶段的核心内容及检验第五届理事会任期工作情况的重要标志。

专项行动开展以来，各项目标任务与协会《五年发展规划》、年度工作要点、换届选举工作紧密结合、协同推进，现已完成了包括《集排油烟设施清洗行业 2024 年市场分析报告》在内的行业调研报告；组建了涵盖 41 名特邀全国知名专家、102 名消防领域有突出影响力的本市行业专家、11 名单位会员技术骨干的专业人才库以及 230 余名特有工种的熟练工人组建的备选人才库；搭建了北京市电气防火检测执业系统；推出了《集排油烟设施清洗服务规范》等一批团体标准；将"一系统三统一"社会化消防安全教育培训体系打造成代表首都水平的行业特色品牌。专项行动为加强首都"四个中心"功能建设、提高"四个服务"水平作出了应有的贡献。未来，协会将巩固专项行动成果，坚持常态化实施、长效化落地，为服务首都高质量发展持续发力。

李 岩

北京消防协会第五届理事会理事
排油烟设施清洗专业分会副主任委员
北京华祺洋消防安全有限公司总经理

京津冀协同发展：
谱写消防行业社会组织合作新篇章

　　京津冀协同发展是党中央在新的历史条件下作出的重大决策部署，是重大国家战略。协会把京津冀消防工作协同发展，作为协会推动京津冀消防行业协同发展的重要内容之一。2022 年 1 月 25 日，京津冀三地消防协会签署了《京津冀消防社会组织战略合作协议》，建立了联席会议机制，共同推进消防社会组织一体化进程，搭建多元化、多层次、多服务的全方位立体化合作平台，助力形成共建、共治、共享的社会化消防工作新格局，推动消防行业高质量发展。

　　几年来，京津冀消防协会召开联席会议 4 次，重点就社会化消防安全培训、消防新技术推广应用、行业自律、信用体系建设、标准体系建设、提升服务能力等方面进行研讨交流；共同编制发布《社会化消防安全教育培训指南》《集排油烟设施清洗服务规范》等团体标准；联合举办了"加强餐饮场所火灾风险防控"消防安全专题讲座、"家用智慧应急安全产品推广体验"等多种形式的公益活动；共同筹备创建"2023 中国（北京）应急智能装备博览会"及"2023 中国（北京）应急智能装备高峰论坛"等消防展会特色品牌。京津冀社会化消防工作实现了行业标准统一、信息互联互通、优势资源共享，展现了协同发展的巨大潜力和广阔前景，为构建更加安全、稳定的京津冀社会化消防工作作出了积极贡献。

2022 年 1 月 25 日，协会与天津市消防协会、河北省消防协会签署战略合作协议。

2022 年 11 月 9 日，京津冀三地消防协会联合举办"家用智慧应急安全产品推广体验"公益活动。

2024 年 8 月，京津冀消防协会党支部在西柏坡联合开展学习贯彻党的二十届三中全会精神主题党日活动。

2024 年 8 月 23 日，由京津冀三地消防协会共同参与编制的《集排油烟设施清洗服务规范》团体标准正式发布。

②

基础类项目

　　通过实施新媒体宣传平台，有效提升了消防法规、会员动态和新技术的传播效果。同时，通过优化管理系统，如企业微信和会员信息管理系统，以及工作月报、信息周报和火情定期发布，加强了内部沟通和外部消防安全意识。量化绩效考核机制的实行进一步提高了工作质量和效率，增强了协会会员服务质量和账户绩效的精细化管理。

新媒体宣传平台：
扩大社会影响力的有效途径

周海顺

北京消防协会第五届会员代表大会会员代表

排油烟设施清洗专业分会副主任委员

北京勃顺兴劳务服务有限公司总经理

第五届会员代表大会以来，协会充分利用新媒体快速、广泛、互动的传播特点，打造以微信订阅号、视频号和服务号为主的新媒体宣传平台。平台宣传主要包含五个方面内容。

一是发布协会及会员单位动态。及时发布协会和会员单位的最新工作动态、取得的成果，以及重要活动等信息。二是宣传消防法律法规和专业知识。宣贯解读新出台的消防规划、法律法规、行政规范性文件、技术标准，传播消防专业知识。三是推广先进的消防和应急救援技术、设备。收集发布防火、灭火和应急救援方面的新产品、新技术、新模式。四是展播消防文化作品。陆续开展《100 名消防老兵讲故事，庆祝建党 100 周年》《历史上的今天——火灾警示录》《大兴安岭的呼唤》《消防大家谈》等主题视频展播，积极弘扬主旋律。五是宣讲服务会员的有关政策。包括开展疫情防控、安全生产、灵活用工、金融服务、税收扶持、劳动关系等方面的专题讲座。

五年来，协会利用新媒体宣传平台日常持续更新，并在清明节、防灾减灾日、安全生产月、119 消防宣传月等重点时段开展多次密集宣传，发布文字类信息 3800 余条，短视频 2000 余条，累计阅读浏览量 2.5 亿人次，直播吸引观众观看达 10 余万人次，平台关注量超过 14 万人次。新媒体宣传平台在社会化消防宣传教育上发挥了积极作用，社会化消防公益性效果显著。

王志民

北京消防协会第五届会员代表大会会员代表

消防产品专业分会副主任委员

北京五岳朝天消防技术有限公司总经理

会员信息管理系统：
为服务会员提供信息化支撑

　　会员信息管理系统是协会落实"以会员为中心"的发展理念，运用信息化手段管理和服务会员的重要工具。目的是加强会员信息管理，提高服务质量和效率。2019年，协会启用会员信息管理系统，经过不断开发升级，系统功能日益完善。2022年8月，协会正式推出新版会员信息管理系统。新系统服务于协会整体发展，以会员需求为导向，在入会及年审程序、数据统计分析、信用信息管理等方面进行了全面优化。

　　一是操作更简便。系统简化了入会及续期的办理环节，增加在线缴费、电子发票查询功能，并研发配套的手机端，使得办理流程更清晰，查询更便捷。二是统计更精准。系统可按照行业、地域、规模情况等进行统计筛选，便于协会及时掌握会员情况。三是内容更全面。系统增加了综合信息模块，涵盖会员实力信息、业绩信息、信用信息、贡献信息等内容，为后续会员信用等级评价提供更真实、全面的基础数据。四是更新更及时。系统增加了关联信息、抽查、反馈等模块，使会员基础信息的变动情况得到及时反馈，打通会员与协会间的信息互动渠道，保证协会服务会员联络机制有效运行。

　　五年来，会员信息管理系统在协会发展过程中发挥了重要作用，但是在数据维护、信息支撑等方面，与构建社会化消防服务平台还存在一定差距，仍需根据协会新时期的发展需求，不断完善功能设计，强化应用效能。

企业微信群：
2000人的工作群很活跃

徐 军

北京消防协会第五届会员代表大会会员代表

北京东方雄安消防技术服务有限公司总经理

鉴于微信在社会上的普遍应用，为了提高工作效率，第五届会员代表大会以来，协会逐步采用方便与普通微信功能互通的企业微信作为信息化办公软件。同时，根据业务需要和使用习惯，协会建立了单位会员、秘书处、协会党建、会员代表、常务理事会、理事会、办公会，以及各专业分会、行业分会等23个企业微信工作群，取得了较好的运行效果。

一是提高了工作效率。通过群组功能，成员间能更迅速、精确地传递信息，实现了工作任务的即时推进与高效完成，大幅提升了工作效率。二是降低了工作成本。在线发布信息、流转文件、举办会议，节约了纸张、邮寄、交通等费用，同时也降低了时间成本。三是强化了沟通效果。企业微信具备显示已读功能，对于重要信息或紧急信息，发布者可与未阅读的成员进行专门沟通，避免信息传递过程中的遗漏、延迟。

五年来，企业微信工作群已经成为协会信息沟通的基本渠道，全体会员和各内设机构逐步形成了使用习惯。但在信息平台切换、协同办公等方面还需进一步完善，通过拓展数据关联、业务流转等功能应用，不断提高信息化工作水平。

程 宇

北京消防协会第五届会员代表大会会员代表

消防设施专业分会副主任委员

北京智朗卓越消防科技有限公司总经理

信息周报：
公开信息的窗口

协会信息周报是记录协会每周工作开展和取得成果、积累工作素材的重要工具，目的是通过对日常工作的监督和控制，提升工作效率和质量。同时，信息周报也是搭建供需对接平台，更好地服务会员、展示协会工作的一项举措。2022 年 11 月，协会启动了信息周报项目，随时收集各类工作信息，每周五在协会微信公众号上发布。信息主要分为五方面内容。

一是重点工作简讯。从内部治理、党的建设、发挥作用、遵章守规、诚信建设 5 个方面，整理发布协会一周内开展的重点工作。二是项目对接信息。收集发布消防工程、评估、检测、培训、清洗等招投标信息，以及燃气检测、厨房设备维保、人员招聘等相关信息。三是发展会员情况。统计发布一周内新入会会员和续期会员信息，便于会员单位互相了解情况，随时开展业务对接。四是会员单位动态。收集转发会员单位一周开展的重要活动、获得的相关荣誉，推出的消防应急类新产品、新技术、新模式。五是政策法规信息。收集一周内发布的相关法律法规、行业政策、行政规范性文件、消防技术标准，以及政府有关部门组织开展的重大活动。

项目实施以来，协会共制作发布 88 期信息周报，收集发布信息 3500 余条，浏览量 4.5 万余次。信息周报的定期发布，有助于向社会传递协会的权威信息，同时通过对每周工作的记录和整理，对后续工作的回顾和总结、工作管理和决策分析都具有重要的参考价值。

刘晓华

北京消防协会第五届会员代表大会会员代表

河北安盾消防设备有限公司总经理

每周火情：
火灾风险就在身边

火灾事故的分析与教训是消防安全管理的重要资源和改进契机。为了发挥火灾事故的警示及预防作用，及时向社会公众传递火灾信息，提高全民消防安全意识，第五届会员代表大会以来，协会持续研究消防科普的有效方法。

2019 年，协会《五年发展规划》提出，以消防宣传教育培训为重点，坚持体制机制创新，谋求全面发展。开展消防宣传，普及消防科学技术知识，传播和推广科学精神、科学思想和科学方法，提高全社会的消防意识。

2022 年 11 月，协会启动每周火情发布机制，每日收集全国各地区的典型火情信息，包括图片、视频等内容，汇总后每周五在协会微信公众号上发布。截至目前，协会共制作发布每周火情 88 期，收集发布信息 800 余条，浏览量 4 万余次。

每周火情的定期发布，有助于及时传递火灾的相关信息，提醒公众关注火灾安全问题，增强公众的消防安全意识，促使公众更加注意日常生活中的火灾隐患。另外，定期发布每周火情还可以增加社会对火灾问题的关注度，加强社会监督，促使相关部门和单位更加重视火灾防控工作，提高火灾防范意识，从而减少火灾事故的发生，为社会公共安全治理领域发挥积极作用。

郭志成

北京消防协会第五届会员代表大会会员代表

北京华融义缘消防技术有限公司总经理

工作月报：
让政府有关部门了解我们

工作月报是协会记录工作进展、问题和成果的重要工具。工作月报通过对日常工作的监督和控制，可提升工作效率和质量，同时为总结、分析、谋划年度工作积累素材。

2021年3月，协会完成脱钩改革，进入"自主办会、规范办会"的新模式。协会党支部出台《关于积极推动消防行业高质量发展的意见》，明确提出要"主动接受登记管理机关、党建领导机关、有关行业管理部门的业务指导和监督管理"。2022年，协会启动了工作月报项目，每月总结协会的亮点、重点工作。2023年，为了更加全面、真实、客观地反映协会工作状况，参照社会组织等级评估工作指标体系，工作月报从内部治理、党的建设、发挥作用、遵章守纪、诚信建设、计划推进和部署落实六个方面进行总结归纳提炼。

该项目实施3年多以来，共发布月报40余份，在考核绩效成果、增强内部沟通、实现信息共享、提高工作效率和质量等方面发挥了重要作用。同时，协会及时向党建管理部门和有关政府部门报送，主动汇报协会的全面工作，促进了与党建、政府部门沟通协调，主动接受有关部门的指导。

绩效考核：
激发组织活力

冯知立

北京消防协会第五届会员代表大会会员代表

北京万昌建筑装饰工程有限责任公司总经理

为落实《民政部关于加强和改进社会组织薪酬管理的指导意见》中提出的"以岗位绩效为导向，以规范化为基础，以制度建设为重点，不断提高薪酬管理的科学化水平，建立健全与社会组织发展相适应的薪酬管理体系"的要求，第五届理事会着眼提升工作效能，建立了绩效考核机制。协会先后颁布《办事机构工作人员绩效管理办法（试行）》《工作人员薪酬管理制度》《兼职工作人员绩效评价办法》等规定，构建了绩效考核与薪酬挂钩的运行机制。

绩效考核内容包括工作计划情况、计划完成情况、领导交办任务 3 个一级指标。其下分别设有协会整体计划、岗位职责、工作措施的条理性和操作性、完成效率、完成质量、工作对象的满意度、与其他部门的协同程度、工作创新和能力提升程度、及时反馈进展、任务完成效果 10 个二级指标。同时，根据重点任务完成情况，该绩效考核机制还设立了突出贡献奖励绩效考核指标。另外，按照职责分工和管理权限，逐级量化打分，逐月纳入薪酬管理。

绩效考核机制的有效实施，激发了专兼职工作人员的积极性、主动性和创造性，推动了协会工作质量和效率的持续提升，实现了协会工作人员间的良性互动与协会发展的持续提升。

赵双立

北京消防协会第五届会员代表大会会员代表

北京火立克消防技术有限公司总经理

量化指标：
让阶段性任务看得见、摸得着

量化指标是完成目标任务的风向标，也是调整日常工作的指挥棒。为顺利完成第五届会员代表大会确定的目标任务，进一步巩固各方面工作成果，同时也为协会长远发展探索经验，2024年第一季度会长办公会审议通过了《2024年主要工作量化指标》。量化指标分为三大类：一是核心任务量化指标，包括会员数量、经费收入2项。二是日常业务量化指标，包括联系会员、对外联络、党建工作、组织体系、诚信建设、社会化培训、知识竞赛、人才体系、标准体系、咨询服务、志愿服务、媒体宣传、技能竞赛13项。三是服务会员量化指标，包括形象提升、政策解读、专业咨询、培训交流、服务推介、项目对接、信用评价、权益维护、市场分析、关系协调10项。

为确保量化指标如期实现，协会将进展情况纳入秘书处周例会和会长办公会的重点研究事项，形成了定期汇报和反馈机制。各内设机构充分发挥主观能动性，积极配合、主动协同，以换届工作为有力牵动，形成了良好的工作氛围，实时掌握工作进度和成效，及时调整策略和方法，推动了各项工作有序开展。

协会的量化指标管理机制还处于初步的探索阶段，需要根据协会运行效果，及时进行优化完善，确保各项工作有方向、有标准、可衡量，为实现高质量发展奠定坚实基础。

③

公益类项目

　　协会公益领域成果显著，通过多项公益项目增强公众安全意识与责任感，提升协会社会形象。其中，消防知识竞赛普及知识，提高自救能力；消防服务竞赛提升专业技能；老兵故事传承红色基因。这些项目为行业可持续发展贡献力量。

刘映彤

北京消防协会第五届理事会理事
建筑防火专业分会副主任委员
北京中山消防保安技术有限公司执行董事

119 消防知识竞赛：
一年一度，普及消防常识

为贯彻落实习近平总书记关于安全生产重要论述，推进安全宣传进企业、进农村、进社区、进学校、进家庭，充分发挥协会社会化消防服务平台职能，打造协会消防宣传品牌，2019 年 12 月，第五届常务理事会制定的《五年发展规划》中，明确提出开展消防宣传，普及消防科学技术知识，提高全社会的消防意识。在具体实践中，协会动员会员单位大力支持，鼓励广大市民积极参与，将 119 消防知识竞赛纳入每年 11 月的 119 消防宣传月活动。截至 2024 年 8 月，协会已举办了 4 次宣传活动，分别是 2020 年的"中德启锐杯"首届 119 消防知识竞赛、2021 年的"万安小巨人杯"第二届 119 消防知识竞赛、2022 年的"亚太银河杯"第三届 119 消防知识竞赛、2023 年的"中安质环杯"第四届 119 消防知识竞赛，2024 年还将继续开展相关竞赛。竞赛的内容涵盖了火灾基本知识、家庭防火常识、逃生基本技能、不同场景的火灾风险、常见火灾隐患识别、消防法规基本规定、消防安全责任制等。竞赛形式分为团体赛和个人赛，采取消防安全常识培训、线上答题、现场抢答等方式传播消防相关知识，并向活动优胜者颁发奖品。

活动开展四年来，得到了北京市消防救援总队、各区防火办、其他社会组织以及社会各界群众的广泛关注及大力支持，参与活动人员达 3 万人次，取得良好的社会反响。

2020 年 11 月，"中德启锐杯"首届 119 消防知识竞赛。

2021 年 11 月，"万安小巨人杯"第二届 119 消防知识竞赛。

2022 年 11 月，"亚太银河杯"第三届 119 消防知识竞赛。

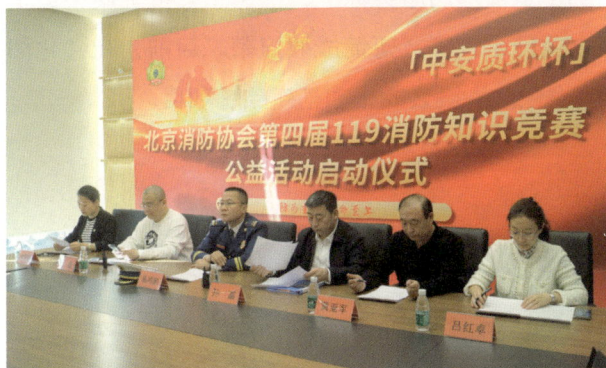

2023 年 11 月，"中安质环杯"第四届 119 消防知识竞赛。

李明磊

北京消防协会第五届理事会理事
建筑防火专业分会副主任委员
北京华安北海机电工程有限公司总经理

社会化消防服务实战技能竞赛：
练内功，选人才

近年来，党中央深入实施人才强国战略，作出一系列重大决策部署，推进新时代高技能人才队伍建设。协会积极发挥社会力量参与消防安全治理的作用。从 2022 年开始，协会每年举办一次社会化消防服务实战技能竞赛，旨在进一步明确各项社会化消防服务的工作规范，提高消防行业职工实战技能。通过"看得见、摸得着"的评判标准，更加有效地发挥社会化消防服务在消防安全治理中的作用，让社会化消防服务的供给侧、需求侧主体，达成更全面、更具体的共识，推动社会化消防服务高质量发展。

社会化消防服务实战技能竞赛采用"现场实战 + 专家评判 + 客户满意度调查"相结合的方式，依据建设工程消防设计、电气防火检测、消防设施维保、消防设施检测、灭火器维修、消防安全评估、排油烟设施清洗、消防宣传教育培训讲师等不同竞赛项目的评判标准来进行综合评判。截至 2024 年 8 月，123 个会员单位、700 余名员工参加该项竞赛。通过社会化消防服务实战技能竞赛，协会明确了多项消防服务标准，推树了一批优质会员单位，发现了许多专业技术人才，可谓成效显著。目前，社会化消防服务实战技能竞赛已成为协会的一项创新品牌项目。

2022 年 9 月至 11 月，第一届社会化消防服务实战技能竞赛。

2023 年 11 月，第二届社会化消防服务实战技能竞赛。

陈颜东

北京消防协会第五届会员代表大会会员代表

排油烟设施清洗专业分会副主任委员

北京仟佰佳清洗服务有限公司总经理

"100名消防老兵讲故事，庆祝建党100周年"公益活动

协会《五年发展规划》明确提出，要创建消防文化建设机制，以消防文化建设为载体，弘扬消防公益精神。开展"100名消防老兵讲故事"公益活动，是协会贯彻落实习近平总书记在国家综合性消防救援队伍授旗仪式上的训词指示精神，弘扬首都消防救援队伍光荣传统和优良作风，传承北京消防历史文化和北京消防精神的一项重要举措。2020年6月，协会第五届常务理事会第三次会议审议通过了"100名消防老兵讲故事"公益活动方案。活动方案涵盖采访100名消防老兵、制作100集专题纪录片、出版1本纪实性图书。自2020年8月正式启动以来，协会积极发掘北京消防资源，邀请消防老兵和有资历的社会单位消防管理人员，梳理北京消防发展历史，为讲好北京消防故事，共寻访了560多名消防老兵，拍摄102部专题纪录片，编辑出版纪实性图书《永不磨灭的印记——消防老兵讲故事》。

目前，"100名消防老兵讲故事，庆祝建党100周年"公益活动入选了北京市社会组织党组织"党建强发展强"品牌项目，已成为协会"以党建带队建，以队建促发展"的一张闪亮名片。它突出体现了协会不忘初心使命的责任担当、弘扬公益精神的职能定位、核心理念和"四个服务"的价值观。

通过打造特色文化品牌，协会不但弘扬了北京消防历史文化和消防英雄主义精神，也提升了社会影响力。

2020 年 7 月 31 日，在北京邮电会议中心举行"100 名消防老兵讲故事"公益活动启动仪式。

2021 年 6 月 15 日，在国家会议中心举办"100 名消防老兵讲故事，庆祝建党 100 周年——北京消防协会党史学习教育活动"及纪录片发布仪式。

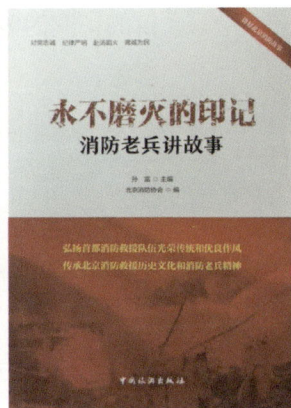

2022 年 8 月 1 日，《永不磨灭的印记——消防老兵讲故事》新书发布会。

李远锋

北京消防协会第五届会员代表大会会员代表

排油烟设施清洗专业分会副主任委员

北京安美佳保洁服务有限公司总经理

历史上的今天——火灾警示录

　　火灾事故案例是活生生的教材，也是推动消防宣传教育和消防安全管理工作的重要资源。为了推动消防科普宣传，自 2022 年 3 月起，协会在视频号、抖音号推出《历史上的今天——火灾警示录》消防安全宣传公益活动栏目。栏目以短视频的形式以案说法，内容为回顾历史上每天发生的火灾事故案例，分析火灾原因、提示经验教训。栏目每天播出一集，持续播出一年。其间，北京中德启锐安全设备有限公司、北京亚太银河消防科技集团有限公司、中泰民安安全服务集团有限公司、北京市西城区中磊职业技能培训学校、清大东方消防职业技能培训学校等 40 余家会员单位积极参与视频片的录制。栏目共制作播出短视频 369 集，观众浏览量达 160 万次。

　　栏目的制作播出达到了向社会公众进行警示教育，提升公众火灾防范意识、传播消防安全知识、强化社会责任感和使命感的目的，同时收获了良好的社会反响，也提升了协会和会员单位的形象。

刘佰权

北京消防协会第五届会员代表大会会员代表

排油烟设施清洗专业分会副主任委员

北京天润鹏缘厨房设备有限公司总经理

消防大家谈：
消防连着你我他，消防安全靠大家

2023 年 8 月，协会在视频号推出《消防大家谈》栏目，栏目邀请北京消防工作人员、专家库成员、志愿者、会员单位业务骨干，以及与消防领域相关的其他行业专家或与消防安全息息相关的普通群众，运用大家喜闻乐见的短视频形式录制访谈节目。

栏目主要内容包括三个方面：一是对行业规范类信息进行访谈，包括与消防救援相关的法律法规、技术标准、发展规划、行业政策等。二是对市场类信息进行访谈，包括火灾预防、火灾扑救、应急救援、灾害处置等方面的新产品、新技术、新模式等。三是对行业动态及科普类信息进行访谈，包括协会的重点工作、政府的专项部署、会员的最新动态、单位和市民的消防安全需求，以及消防安全基础知识、防火灭火和逃生常识、应对自然灾害的基本方法等。

栏目采用演播室访谈、会议发言、现场直播、实地采访、录制课程等形式进行采编制作。

开播以来，栏目共录制播出短视频 71 集，观众浏览量达 15 万次，达到了协会向社会公众传递消防信息，开展科普宣传，交流行业动态的目的。协会利用新媒体平台，打造消防科普宣传作品，在服务社会、服务会员的同时，也推动了社会影响力的持续提升。

孙明静

北京消防协会第五届会员代表大会会员代表

瑞华鑫机电设备安装（北京）有限公司办公室主任

防灾减灾日：
防范胜于救灾，宣传教育先行

2019 年 8 月换届以来，协会始终把预防火灾和减少火灾危害作为根本任务。协会积极响应政府号召，在每年 5 月 12 日的全国防灾减灾日前后，组织开展全市性防灾减灾宣传活动。

活动主要包含四种形式：一是**发布相关科普知识**。收集与防灾减灾相关的安全科普知识和宣传片，在协会订阅号、视频号和服务号上进行编辑发布。二是**开展消防志愿服务活动**。组织志愿者制作与防灾减灾相关的科普知识宣传视频或者海报；会同街道、社区联合举办"消防宣传进社区"志愿服务活动。为社区居民讲解家庭消防常识、火场逃生技能、消防器材的使用等内容。三是**与主流媒体合作开展宣传活动**。协会委派专家，接受北京交通广播《交通新闻热线》栏目采访，就安全隐患排查及"如何有效逃生"等有关问题进行专业讲解。在光明网、北京社会组织等多家新媒体发布相关活动信息，扩大宣传范围。四是**发动会员单位积极开展相关活动**。在此期间，会员单位积极协助所在辖区街道和企业单位开展如实地防灾减灾宣传、网络云课堂等多种形式的知识科普宣传活动。

防灾减灾日宣传活动的开展，旨在增强全社会防灾减灾意识，普及防灾减灾知识，提升避灾自救技能，充分发挥了协会在宣传普及消防知识方面的重要性。

主题会员日：
走出去、请进来、聚一起

王建新

北京消防协会第五届会员代表大会会员代表

排油烟设施清洗专业分会副主任委员

北京市今日阳光保洁有限公司总经理

　　主题会员日活动是协会落实"以会员为中心"的发展理念，在常态化开展"走近会员"活动基础上，创新服务会员方式的实践探索。

　　主题会员日活动是坚持党建业务融合，以政策解读、技术交流、产品推介、专题研讨为主要内容，突出以下特点：一是坚持问题导向。发动分支机构主动参与。主题会员日始终以满足会员需求，解决会员难点痛点为出发点，带动会员积极参与。排油烟设施清洗、建筑防火、消防设施、消防安全评估、电气防火、消防产品、消防信息化等供给侧专业分会及需求侧储能行业分会，先后举办了行业融合发展转型升级专题研讨会、建设工程消防设计审验技术专题研讨会、电气防火检测 App 系统推广运行研讨会、消防技术服务专题会议、智慧消防综合监管解决方案、新能源汽车体验和充换电设施消防安全以及强化企业安全生产，共建平安和谐新环境等活动。二是坚持需求导向。搭建供需对接交流平台。地处门头沟、房山、怀柔、平谷、密云、延庆等远郊区的会员，通过参加区域会员交流会、消防供水系统技术与设备分享、提升物业企业消防管理能力等市场供需对接会活动，加深了相互沟通与了解，实现了区域资源优化与共享。三是发挥专业优势。做好政府与社会的桥梁纽带。根据全市消防工作统一部署，组织消防控制室"四快"处置规程、促进消防技术服务高质量发展等政策解读及市场分析研讨主题活动，为会员及社会单位提供专业的技术指导和支持。

主题会员日活动因其创新性和实用性，广受好评。它不仅带动了各会员单位的参与积极性，搭建了供需对接交流平台，而且提升了会员获得感，增强了协会凝聚力。

2024 年 1 月 22 日，在中国建筑科学研究院建筑防火研究所举办"建设工程消防设计审验技术"主题会员日活动。

2024 年 5 月 14 日，在北京建筑材料检验研究院股份有限公司举办"提升物业企业消防管理能力"主题会员日活动。

2024 年 6 月 20 日，在蓝色港湾蔚来体验中心举办"强化企业安全生产，共建平安和谐新环境"主题会员日活动。

2024 年 7 月 30 日，在浙江大华技术股份有限公司北京分公司举办"四快"处置及安消一体化主题会员日活动。

北京科技周：
展示消防科技成果

周英德

北京消防协会第五届理事会理事

排油烟设施清洗专业分会副主任委员

北京碧诺鸿德环保科技有限公司总经理

　　科技创新中心是北京城市功能战略定位之一。为了服务首都"四个中心"建设，营造浓厚的消防科普氛围，协会充分利用北京科技周这一契机，积极探索通过政府展会平台拓展科普渠道的新途径。特别是 2023 年第 29 届北京科技周期间，协会和北京市消防救援总队联手打造了"消防科技，就在身边"消防安全展区。

　　活动历时 12 天，协会遴选的 12 家会员单位共展示了 37 件（套）防灭火装备、智慧消防和家用消防产品。消防安全展区突出了全民消防、智慧应用、全灾种大应急三大理念，取得显著成效。

　　一是收获了市民和媒体关注度，扩大了协会的社会影响力。在活动期间，中央电视台、央视财经频道、北京电视台、北京人民广播电台、《北京日报》、《中国科学报》、《新京报》、《北京青年报》等 26 家媒体以直播和采访方式进行了相关报道。5 万余名群众到消防展区现场参观、体验。协会微信公众号连续播发 14 条活动信息，网上浏览量达 20 万次。消防安全知识答题机、VR 仿真模拟灭火设备、四足机器狗、家庭安全用电系统等体验项目更是吸引了大量观众驻足体验。

　　二是为会员单位提供了展示和交流的平台。协会充分发挥社会组织在动员社会力量、整合行业资源、提供专业服务等方面的优势，通过现场讲解、观众体验、媒体采访宣传等形式，为会员单位提供展示平台，让社会各界了解消防行业的先进理念、前沿技术和相关产品。

　　北京科技周活动的展示，有效提升了协会的社会影响力，并为会员单位提供了更多的展示机会和渠道对接。

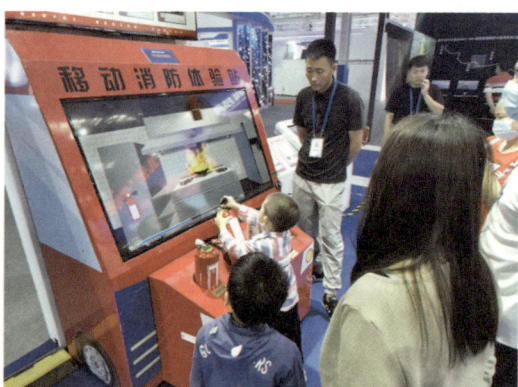

2023 年第 29 届北京科技周"消防科技，就在身边"消防安全展区现场活动一览

消防宣传月：
以宣传教育为抓手，积极融入社会治理

张和伟

北京消防协会第五届会员代表大会会员代表

北京力天京安消防科技有限公司办公室主任

每年 119 全国消防宣传月期间，协会会结合消防行业特点和自身优势，组织策划、开展多种形式的消防宣传教育活动，具体主要有五种。

一是举办社会化消防服务实战技能竞赛。活动自 2022 年起已举办了两届，共有 123 个会员单位、700 余名员工参加了相关项目的竞赛。二是举办 119 消防知识竞赛公益活动。从 2020 年开始，每年举办一次。竞赛内容涵盖火灾基本知识、家庭防火常识、逃生基本技能等。活动开展四年来，共有 3 万余人次参与。三是在新媒体平台开展各类消防宣传。主要形式有采用微信公众号发布消防安全科普信息；制作、收集系列主题短视频、消防文艺作品等在视频号、抖音号上展播；开展家庭应急安全产品推广体验、消防产品展示、政策法规解读等公益直播。四是组织消防志愿活动。利用"志愿北京"平台广泛发布活动信息，动员志愿者通过录制视频或者制作海报等形式，开展家庭火灾隐患排查、参观消防科普教育基地等活动，共有百余位志愿者参与活动。五是开展各类消防安全宣传教育培训。协会领导及专家多次参加《八点更新》《应急时刻》等媒体栏目的科普宣传直播活动；鼓励会员单位积极配合政府有关部门开展区域性消防安全培训；对社会单位开展消防安全演练等活动。

消防宣传月活动的开展，不仅提高了全民的消防安全意识和自防自救能力，也发挥了服务社会的重要作用。

于永刚

北京消防协会第五届会员代表大会会员代表

北京久智安科技发展有限公司总经理

安全生产月：
全灾种、大应急

每年 6 月是全国安全生产月。为积极参与国家重大活动，发挥服务国家的作用，协会在每年的安全生产月期间都发动会员单位开展系列活动。

一是开展"消防宣传进社区"志愿服务活动。协会组织大兴实训基地等会员单位，与多个街道、社区党委联合，共同举办"安全生产月""消防宣传进社区"志愿服务活动，为社区物业、居民及周边单位工作人员普及防火及逃生常识和消防器材的使用方法。二是利用新媒体平台开展专题宣传活动。开设"安全生产月"系列宣传专栏，编辑与"安全生产月"活动主题相关的消防安全、疏散逃生等科普文章进行宣传展播；制作生产经营单位火灾警示、灾害事故宣传、消防科普宣传等系列主题短视频在视频号、抖音号进行展播。三是参加"安全生产月"专题消防安全培训指导活动。协会领导及专家多次为政府部门、大型企事业单位授课，进行安全生产教育培训及政策解读等活动；指导北京市科委、中关村管委会等社会单位开展消防技能实操演练活动。四是组织会员单位开展宣传实践活动。多家会员单位在安全生产月期间，积极为服务单位、街道社区等提供消防安全知识培训和疏散演练服务；为企业、"九小"、园区、养老院等各类场所张贴宣传海报。

安全生产月活动，是"全灾种、大应急"理念在协会社会化消防宣传教育中的具体体现。

公益宣传基地：
丰富群众身边的安全体验馆

崔俊荣

北京消防协会第五届会员代表大会会员代表
宣传教育培训专业分会副主任委员
北京市顺义区人力资源和社会保障局高级技工学校校长

第五届会员代表大会以来，协会始终将"服务社会"作为发挥作用的重要内容。协会宣传教育培训专业分会结合业务特点积极主动作为，在社会化消防宣传教育方面进行了创新探索。

2020 年 8 月，宣传教育培训专业分会提交了《关于开展北京市应急消防安全科普教育基地资源调研工作的请示》，协会及时批复并提出：要形成调研报告，作为进一步制定推荐优秀资源、实现资源共享、促进基地资源合理化运营和提升资源运用实效性的数据支持。在调研的基础上，协会于 2021 年 5 月启动了公益宣传基地征集工作。征集条件为："有活动场地、有专业讲解人员、有消防科普教材、有消防培训器材设施，愿意开展消防公益宣传"的场所，在开展日常社会化消防宣传教育培训服务业务的基础上，接受协会安排的社会单位消防历史文化宣传、消防知识科普等公益活动。经过申报、核查、筛选流程，15 家会员单位被评选为"北京消防协会公益宣传基地"，并进行了挂牌。

挂牌运行以来，作为全市 300 余个科普基地的补充力量，通过中小学生社会研学、社会单位和社区居民参观等活动，公益宣传基地在提升全社会消防安全意识上发挥了重要作用。同时，配合协会开展的"100 名消防老兵讲故事，庆祝建党 100 周年"公益活动，让更多的人了解消防历史文化，彰显了协会社会服务价值。

4

服务类项目

协会创新推动消防安全，通过高校教育与科技融合，显著提升公众安全意识及行业安全标准，获多方认可，成效显著。未来协会将持续深化，为安全社会贡献力量。

"一系统三统一"社会化消防安全培训体系：
谁培训谁，培训什么、怎么培训、培训到什么样

马达伟

北京消防协会第五届常务理事会常务理事
宣传教育培训专业分会主任委员
北京中德启锐安全设备有限公司总经理

　　针对社会化消防宣传教育长期存在的力量薄弱、机制不完善、效果不实等突出问题，协会围绕"谁培训谁，培训什么、怎么培训、培训到什么样"等问题进行了不断探索。2020年5月，按照北京市政协第十三届委员会第三次会议审议通过的《关于充分发挥消防社会组织作用，全面提升社会化消防宣传教育水平》的提案，协会制订了《提升社会化消防宣传教育水平总体工作方案》，按照"一系统三统一"的总体思路构建社会化消防宣传教育标准体系——"一系统三统一"社会化消防安全培训体系。该体系的基本内容是：以社会化消防宣传教育信息系统为载体，协会统一认定社会化消防教育培训师资、统一编制《社会化消防宣传教育基础培训教程》、统一执行《社会化消防安全教育培训指南》评价标准。

　　该体系经过持续不断的实践探索，通过条块结合、理论与实操同步实施，以及不同场景反复测试演练，逐步确立了以社会力量为依托的专业培训体系，具备社会化参与、系统化推进、规范化实施、信息化运行、专业化提升、实战化落地等优点，为推动公共安全治理模式向事前预防转型提供了基础保障。因此，"一系统三统一"社会化消防安全培训体系荣获了"2023年度首都应急管理创新案例一等奖"。

　　五年来，协会运用该体系已完成130多个重点项目15000余人的培训，取得良好的社会效果，并不断完善课程体系，丰富培训形式，更好地发挥示范引领和辐射带动作用，推动社会化消防安全培训水平持续提升。

2020 年 5 月，北京市政协第十三届委员会第三次会议审议通过《关于充分发挥消防社会组织作用，全面提升社会化消防宣传教育水平》的提案。

2022 年 6 月 30 日，《社会化消防安全教育培训指南》（T/BJXF 008—2022）团体标准正式发布。

2023 年 9 月 7 日，首都应急管理创新案例评审组到协会就申报的安全文化类项目"'一系统三统一'社会化消防安全培训体系"进行实地考察调研。

2023 年 11 月 1 日，北京市安全生产委员会办公室、北京市突发事件应急委员会办公室联合授予该项目"2023 年度首都应急管理创新案例一等奖"。

消防安全评估质量评价：
衡量消防技术服务可靠性

李琳

北京消防协会第五届监事会监事
电气防火专业分会副主任委员
北京中泰伟业消防设备技术有限公司总经理

消防安全评估质量评价是协会坚持创新发展原则，立足专业实践，面向市场需求，重新构建的一项专业咨询机制。其主要内容是以"回头看"的形式，针对已开展消防安全评估的社会技术服务项目，通过审查消防安全评估报告、实地核查现场评估情况，对其评估质量作出判断，为行业管理部门实施有效监管提供参照。

为充分吸取北京丰台长峰医院"4·18"重大火灾事故经验教训，落实消防安全生产主体责任，全面排查并消除风险隐患，提升市属医院消防安全管理水平，协会配合北京市医院管理中心开展为期半年的消防安全评估质量评价工作。2023年5月，协会消防安全评估专委会组成专家组，通过大量走访调研，研究梳理医疗机构消防安全评估常见问题，并开展了政策解读。随后，制定了市属医院消防安全评估质量评价实施方案和质量评价指标体系，对22家市属医院31个院区进行现场踏勘检查。检查以质量控制、文本审查、现场抽查为重点，从项目概况、评价过程、评价结果、问题分析、改进措施、评价成效、结果运用等方面进行了全面评估，最终完成了消防安全评估质量评价的分报告及总报告。报告中提出了各市属医院消防隐患的共性问题，并制定了相应的改进措施和建议。

尽管消防安全评估质量评价项目得到了评估对象和监管部门的广泛认可，但在实际运行中仍存在质量管控体系、综合保障等方面的不足，还需进一步完善。

2023年2月1日，到北京儿童医院抽查灭火和应急疏散预案。

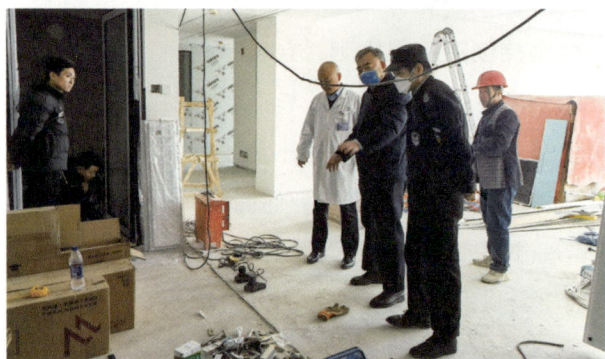

2023年11月1日，对北京世纪坛医院进行现场检查。

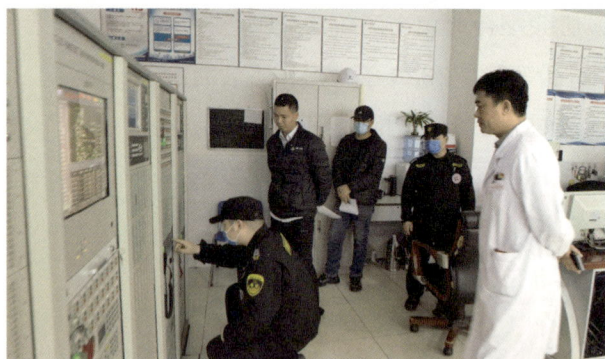

2023年11月1日，到北京朝阳医院院本部抽查消防设施运行情况。

2024年2月4日，到北京天坛医院全要素测试应急演练过程。

国际应急展专场活动：
参与国际交流，拓展国际市场

王 伟

北京消防协会第五届会员代表大会会员代表

排油烟设施清洗专业分会副主任委员

北京兴垚嘉洁环保科技有限公司总经理

第五届会员代表大会以来，协会在展会论坛方面进行了大量摸索，以主办、承办、支持等形式，尝试了不同层次、不同形式和内容的展会、论坛活动。其中，协会参与、应急管理部国际交流合作中心主办的"中国国际应急管理展览会"是重要项目之一。2023 年，协会与汉诺威米兰展览会（上海）有限公司共同主办了"2023 中国国际应急管理展览会专场活动——综合性消防救援关键技术与装备"国际研讨会。该项活动作为 2023"一带一路"自然灾害防治和应急管理国际合作部长论坛的重要配套活动之一，聚焦创新技术先进装备，服务综合消防救援需求，旨在推动国内外在消防领域的交流合作，分享行业最新技术和装备成果，探讨应对自然灾害和突发事件的有效手段。中德两国的消防领域专家作了主题演讲，并与政府有关部门开展深入的专业研讨。这次国际研讨会不仅突出了我国在消防技术与装备方面的新成果和新进展，分享了德国消防领域的先进经验，更加深了对国际消防行业发展趋势的理解，促进了双方在技术、装备以及战术等方面的互相学习与合作。

2024 年，协会将继续与中国国际应急管理展览会组委会、汉诺威米兰展览会（上海）有限公司合作，主办 2024 中国国际应急管理展览会专场活动，并将通过国际买家配对的形式，为会员单位搭建与国际采购商直接沟通对接的平台，助力会员单位获取更多海外商机。

2023 中国国际应急管理展览会专场活动一览

秋季论坛:
相约北京最美的季节

赵永忠

北京消防协会第五届会员代表大会会员代表

华邦创科(惠州市)智能科技有限公司副总经理

秋天是北京最美的季节,也是协会年度工作收获的季节。第五届会员代表大会以来,协会每年举办一次"社会化消防服务秋季论坛"。第一届秋季论坛围绕《安全生产专项整治三年行动计划》的政策解读,从政策背景、政策内容、政策执行等多个角度进行深入剖析,帮助会员单位深化理解并有效执行相关政策,从而提升安全生产的整体水平。第二届秋季论坛是以北京力升高科科技有限公司研发的千度耐高温消防机器人产品为交流主题,围绕这类高科技产品的技术特点、应用前景,以及在极端环境下的救援效能等议题展开研讨。第三届秋季论坛聚焦排油烟设施清洗技术,邀请专业人士就排油烟设施清洗技术的最新研究、应用和实践进行分享和交流,探讨行业的发展趋势和未来方向,分享成功经验和案例。第四届秋季论坛则是在 2023 中国国际应急管理展览会上举办的专场活动,主题为"综合性消防救援关键技术与装备"国际研讨,此次研讨会邀请了国外消防救援领域的专家进行救援技术及新产品分享,为国内外同行提供了深入交流与合作的宝贵机会。第五届秋季论坛将在 2024 年"119 消防宣传月"期间继续举办。

五年来,"社会化消防服务秋季论坛"已成为协会的重点品牌项目,该项目广泛赢得了会员和相关参与方认可,扩大了协会社会影响力,推动了首都社会化消防工作高质量发展。

2020 年 10 月 23 日，第一届秋季论坛在北京邮电会议中心举办，主题是：安全生产专项整治三年行动计划。

2021 年 10 月 12 日，第二届秋季论坛在北京金隅喜来登酒店举办，主题是：力升高科耐高温消防机器人产品交流研讨会。

2022 年 10 月 10 日，第三届秋季论坛在北京唯实国际文化交流中心举办，主题是：排油烟设施清洗技术服务高质量发展。

2023 年 11 月 16 日，第四届秋季论坛在北京国家会议中心举办，主题是：综合性消防救援关键技术与装备。

实训基地：
真烟、真火、真水、真跳

张建军

北京消防协会第五届会员代表大会会员代表

排油烟设施清洗专业分会副主任委员

北京丽丽环保科技有限公司总经理

消防是一门实践科学。社会化消防安全培训的最终目的，是能够实际操作。为此，经第五届常务理事会第五次会议审议决定，依托中泰民安安全服务集团有限公司，于 2021 年 8 月在大兴区庞各庄镇庞新路 5 号，正式挂牌成立北京消防协会大兴实训基地。

实训基地主要职能是承接协会组织的社会化消防教育培训的理论教学、实际操作训练，配合协会组织考试。实训基地下设培训部、宣传部、教务部、接待部和保障部五个部门，实行管理岗位任命和项目备案制。训练设施包括多媒体教室、体能训练室、实操技能训练场地、学员宿舍、消防器材库、餐厅等设备设施，总建筑面积 10000 余平方米，可容纳 100 余人开展培训活动。培训师资由协会统一考核调配，培训教材由协会统一编制，理论考试和实操考核由协会统一评价。实训基地以"一系统三统一"为依托，重点开展"消防保安"特色培训项目，采取"请进来，走出去"的方式，通过开展消防设施操作、防灭火装备体验、"出真水、灭真火"实操实训、逃生体验、应急救护等社会化消防实操培训，为社会各界提供各类消防特色培训。

五年来，实训基地共承接 130 多个项目，为 15000 余人次进行了专业培训，并多次开展党团建设和对外交流活动。实训基地是协会提升社会化消防教育水平的有益尝试，目前已初步形成了品牌效应。

（1）微型消防
站装备穿戴

（2）灭火器灭
真火

（3）消火栓出
真水、灭真火

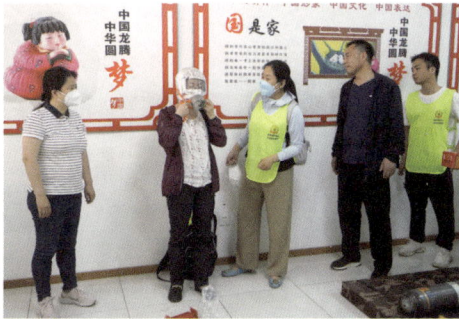

（4）过滤式空气呼吸器＋烟雾帐篷逃生

（5）高空逃生缓降器

（6）建筑消防设施

"百业万企"共铸诚信文明北京活动：
积极融入信用体系建设

宋玉龙

北京消防协会第五届会员代表大会会员代表

北京弘锐消防科技服务有限公司总经理

2023 年，为深入贯彻国家社会信用体系建设决策部署，协会带领 25 家会员企业主动参与"百业万企"共铸诚信文明北京活动。通过申请、推荐、初评、复评等一系列流程，并特别制定了"消防行业指标"，最终 14 家会员单位获得"北京市共铸诚信企业"荣誉称号。

"百业万企"共铸诚信文明北京活动，是由首都精神文明建设委员会办公室、北京市经济和信息化局、北京市市场监督管理局、北京市商务局、北京市文化和旅游局、北京市统计局、国家税务总局北京市税务局、北京市工商业联合会联合发起的诚信建设活动。协会通过开展活动，取得了显著效果。一是推动了组织建设。协会制定了关于 2023 年"百业万企"共铸诚信文明北京活动方案，明确了指导思想和活动目的、组织领导和工作原则、活动内容和时间安排等，在各分支机构专委会的带领下，会员单位积极参与，推动了协会组织建设和分支机构的有效运行。二是推动了诚信建设。深入开展诚信经营宣传工作，积极引导会员企业参与活动，举办宣讲会和分享会，参加第十二届北京企业诚信论坛等，提高会员企业对活动的认知度和参与热情，普及诚信经营的理念和知识，进一步增强了企业的诚信意识。三是促进了行业高质量发展。通过评选表彰，发掘并树立行业内的优秀会员企业，促进整个行业的升级和创新。此外，协会还关注行业政策的制定和落实，为企业提供政策解读和咨询服务，帮助企业把握政策导向，推动和提升会员企业高质量发展。

本次活动充分体现了协会服务国家、服务行业、服务社会、服务会员的社会价值，提高了整个行业的诚信意识，树立了优秀会员企业标杆。

附　录

大事记

2019 年

8 月 21 日，协会召开第五届会员代表大会暨换届选举大会，审议通过了新修订的《章程》，选举产生了第五届理事会理事 51 人、第五届监事会监事 3 人。随后，第五届理事会第一次会议选举孙富为会长，袁宏永、邱仓虎、刘学锋、汪彤、范琪为副会长，钟利智为秘书长，选举王松为监事长。

9 月 6 日，第五届理事会第二次会议审议通过了《北京消防协会法定代表人张田莉同志任职期间经济责任的财务审计报告》。第五届理事会顺利完成财务交接。

10 月 9 日，协会发布关于启用新版证书和牌匾及旧版证书换领工作的通知，协会以全新的面貌面向会员开始运行。

10 月 23 日，协会排油烟设施清洗专业分会正式成立，孙朝中任主任委员，王众、王伟、周英德、姜立强、孙俊杰、陈颜东、李涛、李军翔、尹龙春、张文满、胡军、周海顺、王军任副主任委员，张文满兼任执行秘书。以上人员任期两年。

11 月 6 日，第三次会长办公会研究决定，根据 10 月 30 日北京市行业协会商会与行政机关脱钩联合工作组办公室召开的"全面推开行业协会商会与行政机关脱钩改革工作动员部署暨专题培训会"精神，协会正式启动脱钩改革工作，并成立党建工作小组。

11 月 15 日，第五届理事会第四次会议审议通过了《北京消防协会脱钩改革实施方案》。

11 月 15 日，协会作出关于调整秘书处办事机构的决定，重新组建为综合部、会员部、信息中心、宣教中心、咨询中心。

11 月 26 日，协会宣传教育培训专业分会正式成立，马达伟任主任委员，崔俊荣、吉冬梅、赵性仓、贾涛、赵建宝、张磊、韦安庆、刘宁任副主任委员。以上人员任期两年。

12月30日，协会印发《北京消防协会发展规划（2019—2024）》。

2020年

2月26日，协会制订《北京消防协会疫情防控应急方案》。

3月24日，协会印发《办事机构工作人员绩效管理办法（试行）》。

4月22日，协会印发《代表机构服务管理办法（试行）》。

4月29日，协会消防信息化专业分会正式成立，王宇任主任委员，王大鹏、王彪、郑飞、李超、杜俊科、王志强、徐长军、马达伟、张立波、韦安庆、张远政、赵建宝、郑占杰、刘宁、赵性仓任副主任委员。以上人员任期两年。

5月6日，协会印发《北京消防协会脱钩改革实施方案》。

5月25日，协会首个代表机构——石景山联络处正式成立，韦安庆任主任委员，张明、逯文学、王海涛、白志国任副主任委员，钟雪任执行秘书。以上人员任期两年。

5月26日，协会印发《"100名消防老兵讲故事"公益活动方案》。

5月26日，协会印发《北京消防协会提升社会化消防宣传教育水平总体工作方案》。

5月29日，协会电气防火专业分会正式成立，敖日塔任主任委员，李超、沈炎明、李宏文、刘学军、肖志义、鲁乐、姚婷婷、乔宝印、江朝晖、叶小娟、李铁刚、沈玉松任副主任委员，赵伟雷任执行秘书。以上人员任期两年。

7月1日，协会党建工作小组开展在疫情防控和改革发展中发挥党员先锋模范作用主题党日活动。

7月15日，协会消防设施专业分会正式成立，汤京生任主任委员，姜建强、胡红亮、程宇、曹志勇、孙正、冯庆如任副主任委员，姜雪梅任执行秘书。以上人员任期两年。

7月15日，协会消防安全评估专业分会正式成立，任磊任主任委员，马建民、黄标、丁波、孙新华、马达伟任副主任委员，王新建任执行秘书。以上人员任期两年。

9月22日，根据中共北京市社会事业行业协会第三联合党委的批复，北京消防协会党支部正式成立，选举孙富同志为党支部书记。

10月13日，协会举办北京消防协会"中德启锐杯"首届119消防知识竞赛公益活动启动仪式。

10月13日，协会建筑防火专业分会正式成立，王大鹏任主任委员，赵锂、张博、张哲、马建民、刘映彤、张逸、黄一品、刘宁、李明磊、任东剑任副主任委员，王楠任执行秘书。以上人员任期两年。

10月28日，协会消防产品专业分会正式成立，朱平任主任委员，任丽璇、郑飞、束克庆、黄康、朱刚、侯文喆、苏福岳、王志民任副主任委员，徐长军任执行秘书。以上人员任期两年。

10月30日，协会党支部到香山革命纪念馆，开展"不忘初心、牢记使命"传承红色精神主题党日活动。

11月9日，协会受邀参加民政部社会组织管理局组织召开的行业协会商会学习党的十九届五中全会精神交流座谈会。

12月4日，协会在京组织召开京津冀社会组织协同发展座谈会。

12月22日，协会出席"2020信用北京暨（第六届）信用中关村高峰论坛"，会同北京信用协会、北京市融资担保业协会、中关村企业信用促进会等签署了诚信倡议。

2021年

3月5日，协会党支部召开2020年度组织生活会。

3月15日，北京市行业协会商会与行政机关脱钩联合工作组办公室下发《关于已完成脱钩改革工作的通知》，北京消防协会正式完成脱钩改革。

4月9日，协会召开第五届会员代表大会第二次全体会议，听取了协会脱钩进展情况汇报，按照脱钩后的要求对《章程》和相关制度进行了修改，选举增补赵锂、王大鹏、张哲、韦安庆、黄一品、赵性仓、张磊、姜建强、田桂兰、束克庆、李明磊、黄标、赵建宝、金世明、周国良、袁杰、武继旺为理事。随后，第五届理事会第十次会议选举增补蔡为民、马达伟、刘宝辉、韦安庆、张哲为第五届常务理事会常务理事。

6月15日，协会在国家会议中心举办"永不磨灭的印记——100名消防老兵讲故事，庆祝建党100周年，北京消防协会党史学习教育活动"发布仪式。纪录片《100名消防老兵讲故事》正式发布。

6月22日，北京市社会事业行业协会第三联合党委召开先进基层党组织表彰大会，北京消防协会党支部被授予"先进基层党组织"荣誉称号。

7月21日，中共北京市行业协会商会综合委员会召开学习习近平总书记在庆祝建党100周年大会上的重要讲话精神专题报告会暨"百优百先"表彰会，北京消防协会党支部被授予"先进基层党组织"荣誉称号。

8月18日，协会印发《北京消防协会换届以来阶段性工作总结和全面发展阶段工作思路》。

8月26日，协会大兴实训基地正式成立，赵性仓任主任，曹广文、刘建党任副主任，贾海龙任基地培训部主任、温艳文任基地宣传部主任、姚志华任基地教务部主任、邢雅丽任基地接待部主任、贺利利任基地保障部主任。

9月25日，协会石景山联络处配合有关部门开展冬奥宣传活动。

10月12日，协会举办主题为"力升高科耐高温消防机器人产品交流研讨"的第二届社会化消防服务秋季论坛。

10月14日，协会被北京市应急管理局、北京市消防救援总队、北京市人力资源和社会保障局、北京市总工会、共青团北京市委员会授予"北京市消防行业职业技能大赛优秀组织单位"荣誉称号。

11月25日，北京市民政局发布《北京市2021年度市级社会组织评估结果公告》，北京消防协会被评为5A级社会组织。

12月21日，"万安小巨人杯"北京消防协会第二届119消防知识竞赛颁奖仪式在北京中德启锐消防科普基地举行。

12月30日，协会在京组织召开京津冀社会组织协同发展第三次研讨会。

2022年

1月19日，协会《社会化消防宣传教育基础培训教程》新书发布会在京举行。

1月25日，京津冀消防社会组织签署战略合作协议。

1月26日，协会延庆联络处正式成立，侯文喆任主任委员，晏满仓、赵双立、王治国、郭胜利、段蔚然任副主任委员，杨慧任执行秘书。

4月7日，协会印发《全面加强联络会员工作实施方案》。

5月13日，协会印发《秘书处部门职责规定》，重新组建为综合部、会员部、信息部、培训部、咨询部。

6月30日，协会制定的《社会化消防安全教育培训指南》（T/BJXF 008—2022）团体标准发布会在京举行。该标准于6月30日在全国团体标准信息平台发布，7月1日起正式实施。

8月1日，协会编著的《永不磨灭的印记——消防老兵讲故事》新书发布会在京举行。北京市消防救援总队、北京市社会组织管理中心、北京市社会事业领域行业协会联合党委等有关部门领导以及部分消防老兵、友好协会、会员单位、出版方、群众代表等出席活动。

8月1日，协会新版会员信息管理系统正式上线运行。

10月9日，第一届社会化消防服务实战技能竞赛正式开赛，"排油烟设施清洗"项目作为首个竞赛项目在位于西山商业大厦的馥天下烤鸭店召开现场评审会。

10月9日，"亚太银河杯"北京消防协会第三届119消防知识竞赛公益活动正式启动。

10月10日，"服务高质量发展——北京消防协会第三届社会化消防服务秋季论坛"在北京唯实国际文化交流中心隆重举行。

12月30日，协会公布会员资格查询方式。

2023 年

4月20日，第五届常务理事会第八次会议审议通过《关于调整排油烟设施清洗专业分会负责人有关问题的决定》《关于调整宣传教育培训专业分会负责人有关问题的决定》。

4月28日，协会储能及充换电设施应用行业消防服务分会正式成立，苗广州任主任委员，杨承江、徐亚博、冯秀艳、陆兆楷、刘本少、姜延吉、张会周、王雪松、韩少华、蒙磊任副主任委员，王彦斌任执行秘书。

5月20日，2023年全国科技活动周暨北京科技周启动式在北京市通州区绿心公园城市绿心活力汇举行，协会和北京市消防救援总队联手打造了"消防科技，就在身边"消防安全展区。

7月21日，协会制定的《电气防火检测评定规则》（T/BJXF 009—2023）团体标准在全国团体标准信息平台发布，8月1日起正式实施。

9月8日，协会正式印发《北京消防协会服务首都高质量发展专项行动实施方案》。

9月21日，"新老会员话中秋，服务发展迎国庆"首次主题会员日活动在通州举办。

10月26日，第二届社会化消防服务实战技能竞赛活动正式开赛。

11月1日，协会被评为北京市应急管理领域技术服务类A级社会组织。

11月1日，协会《"一系统三统一"社会化消防安全培训体系》获得北京市安全生产委员会办公室、北京市突发事件应急委员会办公室联合颁发的"2023年度首都应急管理创新案例一等奖"荣誉证书。

11月9日，"中安质环杯"北京消防协会第四届119消防知识竞赛公益活动正式启动。

11月16日，协会与汉诺威米兰展览会（上海）有限公司共同主办的"2023中国国际应急管理展览会专场活动——综合性消防救援关键技术与装备"国际研讨会，在北京国家会议中心成功举办。该项活动作为2023"一带一路"自然灾害防治和应急管理国际合作部长论坛的重要配套活动之一，聚焦创新技术先进装备，服务综合消防救援需求。活动邀请了中德两国的消防领域专家、北京市通州区消防救援支队、森林消防机动支队指战员等参加。

2024年

1月30日，协会党支部举办"积极参与治本攻坚行动，服务首都高质量发展"专家研讨会暨主题党日活动。

3月11日，协会党支部换届召开选举党员大会，选举产生了孙富、钟利智、刘有霞3名同志为新一届支部委员会。会后，协会党支部委员会召开第一次支委会，选举孙富同志为新一届党支部书记。

5月29日至6月3日，协会组成赴日本考察团，到日本大阪、京都等地调研走访，与日本有关消防应急部门、民间消防志愿组织等开展交流。

7月16日，北京市审计局开展"2023年度市级行政事业性公共设施及房产等国有资产管理使用情况专项审计"工作，对我会脱钩时暂按国有资产管理的资产进行专项审计。

7月27日，协会党支部举办"庆八一 跟党走 奋进新征程 建功新时代"主题党日活动暨"国泰瑞安杯"第一届羽毛球友谊赛。特邀消防老兵、会员单位党支部代表等共同参加。

8月7日至8日，京津冀消防协会党支部联合开展学习贯彻党的二十届三中全会精神主题党日活动暨京津冀消防协会联席会。活动中，京津冀消防协会走访河北省消防救援总队、西柏坡消防救援站，就贯彻党的二十届三中全会精神，推进社会化消防工作等事宜进行研讨，并参观西柏坡纪念馆。

8月23日，协会联合天津、河北、浙江、江苏、上海、河南、青岛等省市消防协会，以及本市餐饮、烹饪、物业、清洁等相关行业协会共同举办《集排油烟设施清洗服务规范》（T/BJXF 010—2024）团体标准宣贯会。标准已于8月1日在全国团体标准信息平台发布，9月1日起正式实施。

附录2

北京消防协会发展规划（2019—2024）

（京消防协〔2019〕27号）

北京消防协会（以下简称协会）自1985年成立以来，在北京市消防救援总队（原北京市公安消防总队）、北京市科协、北京市民政局的坚强领导下，团结带领广大会员，围绕各个历史时期的消防中心工作，在消防专业研究咨询、成果推广、新技术开发、社会研究、宣传教育培训、编辑刊物等方面，做了大量卓有成效的工作。在做好政府主管部门参谋助手的同时，为北京市社会化消防工作作出了重大贡献。

当前，社会发展进入新时代，随着党和国家全面深化改革的不断深入，消防体制改革、行业协会脱钩改革、国家"放管服"改革、消防执法改革、消防法规政策和技术标准修订等具体改革措施，都在逐步细化落实。特别是行业协会脱钩改革，使协会面临着前所未有的挑战和历史性机遇。站在新的时代起点，如何适应新形势，谋求新发展，成为协会必须面对的重大历史课题。基于以上基本认识和形势分析，协会理事会坚持问题导向、系统思维的原则，组织全体会员，并积极发动社会各界力量，开展了大量的调研和研讨，形成了协会在本届理事会任期内的五年发展规划，作为今后一个时期的工作指引。

一、始终坚持正确的政治方向，不断深化对消防工作和社会组织运行规律的认识，明确协会发展的指导思想、根本任务、总体目标、核心理念、价值追求、职能定位

1.明确协会发展的指导思想。协会要在习近平新时代中国特色社会主义思想指导下，认真贯彻习近平总书记授旗训词重要指示与推进我国应急管理体系和能力现代化的重要讲话精神，坚持党建引领，积极推动党建和业务深度融合，为协会全面发展提供强大的精神力量和思想保障。

2.明确协会发展的根本任务。协会要坚持不忘初心、牢记使命，始终把"预防火灾和减少火灾危害，加强应急救援工作，保护人身、财产安全，维护公共安全"作为根本任务，服务北京"四个中心"建设，发挥对消防救援机构的职能补充作用。

3.明确协会发展的总体目标。协会要准确把握当前形势要求，以改革为契机和动力，广泛调研，学习本市其他行业和外埠消防协会的先进经验，树立"争创一流行业协会"的目标，挖掘北京消防工作优势，抓住重点，找准差距，补齐短板，努力建设与首都地位相称的品牌。

4.明确协会发展的核心理念。协会要紧紧把握消防工作公益性的根本属性，积极顺应消防工作社会化的客观规律，始终坚持善念、正道、合作、执着的核心理念。

5.明确协会发展的价值追求。协会要努力实现服务国家、服务社会、服务群众、服务行业的社会价值。

6.明确协会发展的职能定位。协会要以构建社会化消防服务平台、弘扬消防公益精神、推进消防社会化进程为己任，坚持社会主义协商民主的独特优势，积极投身有事好商量、众人的事情由众人商量的制度化实践。自觉融入基层社会治理新格局，充分发挥行业协会的自律功能，主动融入政府治理和社会调节的良性互动，努力夯实消防社会治理基础。

在逐步明确以上思想认识，并在会员中达成广泛共识的基础上，协会将在第五届理事会任期内经历三个发展阶段：从 2019 年 8 月 21 日换届至 2021 年底为打基础阶段，2022 年到 2023 年底为全面发展阶段，2024 年到换届为总结、固化、提升阶段。力争通过 5 年的艰苦努力，使协会跻身省级一流协会行列。

二、坚持以会员为中心的发展理念，转变思想观念，提升会员数量，优化会员结构，强化会员服务，不断提高协会的行业影响力和专业权威性

7.转变思想观念，改进工作作风。牢固树立"为了会员、依靠会员、发动会员、从会员中来，到会员中去"的理念，实现由管理到服务的转变。大兴调查研究之风，在调研中学习业务、了解情况、发现问题、听取诉求、问计于会员。同时，大力宣传协会发展的指导思想、根本任务、总体目标、基本理念、价值追求、职能定位，以及协会各阶段的具体工作思路和措施。

8. 大力发展会员，提升会员数量。会员数量及行业涵盖面，是协会行业影响力的重要标志，发展会员是协会必须长期坚持的一项基础性工作。到 2021 年底，单位会员数量力争达到 4000 家，个人会员数量达到 1000 人。到 2023 年底，单位会员数量力争达到 8000 家，个人会员数量达到 2000 人。到 2024 年换届前，单位会员数量力争达到 10000 家，个人会员数量要达到 3000 人。

9. 拓展发展方向，优化会员结构。在大力发展社会化消防服务供给侧会员的基础上，协会要从单一型供给侧会员结构，向需求侧会员 – 供给侧会员的"平台型"会员结构转变。参考《国民经济行业分类》，大力发展住宿业、餐饮业、仓储业、建筑业、制造业、文体业、商市场、物业服务、文物保护、教育机构、医疗机构、养老机构等社会化消防服务需求侧会员。

10. 坚持需求导向，强化会员服务。根据个人会员和普通单位会员、会员代表、理事单位、常务理事单位、副会长单位的不同需求，结合行业和专业特点，适时对《会员服务管理办法》（京消防协字〔2019〕2 号）所规定的会员权利义务进行修订。对于日常工作中遇到的问题，以及法规政策和技术标准调整所带来的变化，及时提供普遍性和个性化的咨询意见。适时开展有针对性的座谈会、研讨会、宣贯会、培训会以及论坛和展会，搭建供需资源共享渠道和平台，及时解决会员的合理诉求，使会员感受到协会大家庭的温暖。

三、全面加强协会自身建设，形成务实管用的组织体系、制度体系、标准体系、人才体系，推进协会治理体系和治理能力现代化，确保协会高效顺畅运行

11. 建立完善组织体系，为协会发展提供组织保障。逐步完善会员代表大会、理事会、监事会、常务理事会、秘书处工作机制。到 2021 年底，要逐步建成涵盖面比较齐全的办事机构、分支机构、代表机构、专门机构，形成基本的组织体系。到 2023 年底，要形成组织架构完备、运行机制顺畅的组织体系，并探索建立综合性实体机构。到 2024 年换届前，要形成有实体机构作依托的，有核心实力的组织体系。

12. 建立完善制度体系，为协会发展提供制度支撑。协会发展过程中，涉及相关的国家制度、基本制度、行政制度、业务制度四个层面的制度，而且都处于逐步完善的过程中。对于国家制度，协会要及时收集整理，形成动态的制度资料库，作为工作基本依循。对于以协会《章程》为龙头的基本制度，协会要根据脱钩后的工作要求，不断修订完善。对于党建、人事、财务等行政制度，协会要从队伍建设和内部管理的角度，按照简便易行的原则，随时补充完善。对于会员服务、信用管理、宣传培训、专家咨询、科研交流等业务制度，协会要根据业务拓展进程和工作需要，及时创设和完善。

13. 建立完善标准体系，体现协会发展的行业优势。修订后的标准化法为社会组织编制社团标准提供了法律依据，国家标准化管理委员会和民政部出台了《团体标准管理规定》。协会发展过程中，要充分发挥行业优势，根据各类供给侧、需求侧分会组建进程，在现有 12 部社团标准的基础上，遵循开放、透明、公平的原则，吸纳消防安全相关方代表参与，充分反映各方的共同需求，在科学技术研究成果和社会实践经验总结的基础上，深入调查分析，进行实验、论证，制定各类团体标准，切实做到科学有效、技术指标先进，与国家标准、行业标准、地方标准有效衔接，并积极参与国际标准化活动，推进消防团体标准国际化。

14. 建立完善人才体系，为协会发展提供智力支持。消防专业人才包括特邀的全国知名专家、在消防领域有突出影响力的本市行业专家、会员单位的技术骨干、特有工种的熟练工人等。2019 年底前出台《专家服务管理办法》，启动人才体系建设。2021 年底前，建成包括 4 类专业人才在内的《消防专业人才库》，按照边建边用的模式，探索专业人才筛选和使用机制。2023 年底前，形成完善的人才对接工作机制，充分发挥消防专业人才在社会化消防工作中的价值，带动社会各界的消防治理能力的整体提升。2024 年换届前，完成协会专业人才运行效果评估，为更高水平的消防人才体系建设打下基础。

四、以诚信体系建设为抓手，深入开展行业自律，全面提升社会化消防服务质量

15. 优化营商环境，改革资信管理方式。深入贯彻国家持续深化简政放权、放管结合、优化服务改革的法规政策，以服务质量为核心，改革资信证书办理条件和流程，实行承诺登记制度，减少事前审批，加强事中、事后监督。同时，协会要依法反映行业诉求，为会员单位提供信息咨询、宣传培训、市场拓展、权益保护、纠纷处理等方面的服务。

16.完善信用等级评价机制，全面开展诚信体系建设。着眼于构建高质量的社会化消防服务平台，强化行业自律，提高服务质量。坚持以服务质量为核心，贯彻服务是目的、管理是手段、发展是关键的指导思想，遵循自我约束和外部监督相结合、诚信褒奖与失信惩戒相结合的原则，适时对《单位会员信用等级评价办法》（京消防协字〔2019〕3号）进行修订。完善单位会员信用信息的归集采集、共享使用、信用激励与约束、信息主体权益保护、消防行业规范与发展等运行机制。

五、以消防宣传教育培训为重点，坚持体制机制创新，谋求全面发展

17.创建消防宣传教育培训机制。组建协会宣教中心，依托消防宣传教育培训专业分会，开展消防宣传，普及消防科学技术知识，传播和推广科学精神、科学思想和科学方法，提高全社会的消防意识。组织建设消防志愿者队伍，配合重大活动，开展消防志愿服务。在传统消防职业技能培训基础上，积极融入国家职业技能提升计划。拓展社会化培训领域，按照分类指导的原则，通过统一师资力量、统一培训教材、统一评价标准，对社会单位消防安全责任人、专兼职管理人、巡查检查人员、微型消防站消防员，以及具有行业管理职能的政府部门、村（居）委会、学校、社区、物业工作人员等，开展消防技能培训。开发《消防教育培训信息系统》，为人员流动和消防技能持续提升提供保障。

18.创建消防专业咨询服务机制。组建协会咨询中心，依托消防专业人才体系，研究最新消防政策，提供项目咨询、参与政府消防制度建设、承接消防课题研究、制定消防团体标准、研究消防行业发展。从微观层面上，为会员单位提供精准服务，解决个案需求。从宏观层面上，不断提升协会的整体专业权威性。

19.创建消防信息化服务机制。组建协会信息中心，依托消防信息化专业分会，组织从事消防信息化服务的会员单位，研究消防设施远程监控、消防物联网、智慧消防、电气火灾监控、数字化灭火辅助、火灾隐患在线管理、消防服务在线监理、单位消防管理全程在线服务等技术和模式，整合优势资源，构建消防信息化服务平台，推动形成社会化消防服务共建、共治、共享的局面。

20.创建社会化消防服务合作机制。积极向发改、民政、科技、应急管理、消防救援等综合主管部门请示汇报工作，及时了解政府相关工作部署，争取政府部门的支持。加强与公安、住建、国资、经信、商务、文化旅游、农村农业、人力社保、教育、医疗、养老、民防、文物等行业主管部门的联系，配合有关部门落实行业消防管理职责。积极拓展消防服务国际合作，探索京津冀社会化消防服务一体化工作模式，建立与外埠消防协会和本市其他行业协会、志愿者组织的沟通协作机制，形成信息和资源共享的格局。

21.创建消防文化建设机制。以消防文化建设为载体，弘扬消防公益精神。发掘北京消防资源，邀请消防老兵和有资历的社会单位消防管理人员，梳理北京消防发展历史，讲好北京消防故事，编辑出版书籍刊物，推进北京消防历史传承。组织有实力的会员单位，制作消防影视作品。借助城市文化建设，推动建设消防主题公园、消防博物馆等消防文化设施。

不忘初心、牢记使命、砥砺前行！协会第五届理事会任期，正值全面建成小康社会和实现第一个百年奋斗目标，"十三五"规划收官、"十四五"规划启动的重要历史节点。我们要以奋发有为的精神状态，抢抓历史机遇，勇敢迎接挑战，努力打造政府满意、群众放心的社会化消防服务平台，不辜负时代机遇、不辜负政府和群众信任、不辜负会员期待，为首都消防事业贡献力量！

附录 3

北京消防协会换届以来阶段性工作总结和全面发展阶段工作思路

（京消协〔2021〕39 号）

2019 年 8 月换届以来，协会按照打基础、全面发展、总结固化提升"三步走"发展战略，持续实施《五年发展规划》，总体上有得有失。今年是党和国家的大事之年，也是协会发展的一个重要时间节点。为适应形势、客观评价、凝聚共识、形成合力，经多方调研走访，协会对换届以来阶段性工作进行了初步总结，明确了全面发展阶段基本工作思路。

第一部分　换届以来主要工作回顾

打基础阶段，协会组织带领全体会员，积极抢抓机遇，勇于迎接挑战，发展的"底座"和"框架"初步形成，打基础阶段目标任务基本完成。

一、坚持党建引领，推动党建与业务深度融合。换届大会上，协会确定了党建与业务工作深度融合的办会指导思想，第二次会员代表大会修订协会《章程》进一步明确规定"把社会组织建设作为贯彻党的群众路线的一个重要途径和载体"。2020 年 7 月，经北京市社会事业行业协会第三联合党委批准，协会党支部正式成立，制定了《协会党支部基本工作制度》并严格执行，按时举办"三会一课"等活动，在思想教育、组织管理、重大事项决策等方面，切实发挥了党的领导作用。2021 年 3 月，协会完成脱钩改革任务后，党支部及时出台了《关于积极推动消防行业高质量发展的意见》。协会的党建工作得到了上级党委的高度认可和充分肯定。建党 100 周年前夕，协会党支部分别被北京市行业协会商会综合党委、北京市社会事业行业协会第三联合党委授予"先进基层党组织"荣誉称号。

二、按期完成脱钩改革任务，协会进入新的发展时期。协会把脱钩改革作为一项历史性政治任务，按照脱钩改革工作方案，紧紧围绕脱钩"五分离、五规范"的改革要求，周密部署、精心组织、扎实开展工作，从2019年11月至2021年3月历时一年半时间，顺利完成脱钩改革任务。得到了市民政局的高度肯定，代表北京市完成脱钩任务的协会，参加了全国脱钩领导小组办公室"脱钩改革座谈会"，汇报中全面深入介绍了协会脱钩改革的做法成效、面临的问题、脱钩后的发展思路等，得到国家发展改革委、民政部等与会各级领导高度认可。

三、凝心聚力，同舟共济，坚决落实疫情防控责任，确保防疫效果。自2020年初新冠疫情暴发以来，协会坚决贯彻落实党中央、国务院以及北京市的决策部署，认真履行"四方责任"，保证防控措施到位。在协会网站和公众号开辟专栏，系列宣传报道会员单位在疫情期间的感人事迹。积极响应政府倡议，发动会员单位为北京小汤山医院等抗疫一线单位累计捐赠消防器材、防疫物资达20万元。开展了疫情防控与复工复产专项调研活动，共调研997家会员单位。协会疫情防控工作得到了各主管部门的高度肯定。

四、初步完成社会化消防服务平台的总体架构搭建。（一）初步形成思想体系，为协会发展奠定了思想基础。通过近两年的探索及实践，进一步明确了协会发展的职能定位，即构建社会化服务平台、弘扬消防公益性精神、推进消防社会化进程。本着"善念、正道、合作、执着"的核心理念，将"以会员为中心"作为发展理念，并以脱钩改革为契机，确立了新发展阶段"党建引领、规范运行、创新发展"的指导思想，努力实现服务国家、服务社会、服务群众、服务行业的社会价值。（二）初步形成组织体系，为协会发展提供了组织保障。自换届以来，协会已建成涵盖面比较齐全的办事机构、分支机构、代表机构、专门机构，基本组织体系已建成。办事机构五部门间分工明确、职责清晰，按照账单式管理，项目化推进的工作模式，相互配合、各尽其职，高效有序运行。组建完成了8个分支机构、1个代表机构、1个专门机构。为确保各分支机构有效运行，建立健全分支机构工作机制，制定各专委会成员职责任务分工及年度工作要点、项目清单等，出台《兼职工作人员绩效评价办法》，激发兼职工作人员的积极性、主动性、创造性，努力推动各分支机构有效运行，完成从"有没有"到"动不动"的转变。（三）初步形成制度体系，为协会发展提供了制度支撑。协会认真贯彻第五届第一次、第二次会员代表大会及理事会精神，根据脱钩改革带来的变化，结合协会当前面临的新形势、新发展的实际需求，对《章程》进行了修订，并以《章程》为基本制度，对现行的行政制度、业务制度等进行了全面的梳理，重新制定和修订 27 项制度，并整合发布。为协会有序高效发展奠定了坚实基础。（四）初步形成标准体系，为协会发展提供了专业优势。一是结合行业需求，适时出台《团体标准管理办法》，将现有的 7 部团体标准按照新要求进行重新发布，并在全国团体标准信息网公示。根据业务开展需求，组织编制《社会化消防宣传教育指南》。二是与北京市电动车自行车行业协会共同起草并联合发布团体标准《电动自行车经营场所消防安全管理导则》。三是参与政府部门负责的行业标准、地方标准的编制工作。参与北京市城市管理委员会提出的《变配电室安全管理规范》，以及北京市消防救援总队、北京市民政局共同提出的《养老机构消防安全管理》《养老服务驿站消防安全规范》三部北京市地方标准的起草编制工作，填补了标准的空白。（五）初步形成人才体系，为协会发展提供了智力支持。出台《专家服务管理办法》，完成专家委员会的组建工作，第一批 31 名来自消防相关领域的权威专家入选协会专家库。充分发挥各专业分会的优势，组建各专业分会专业人才库，力争使各类专家、人才在各自研究领域和专业方向攻坚克难，积极为协会会员提供服务。

五、坚持以会员为中心的发展理念，强化会员服务，不断提高协会的行业影响力和专业权威性。（一）大力发展会员，优化会员结构，行业代表性不断提升。截至 2021 年 7 月底，协会单位会员从换届时的 660 家，发展至 1330 家，数量翻了一番，会员范围涵盖供给侧 8 个专业分会及包括物业服务、住宿业、文物保护、文体业、餐饮业、养老机构等需求侧行业。会员数量的增加，使行业整体品质不断提升，基础不断夯实，行业代表性初步显现。（二）坚持需求导向，强化会员服务，提升会员的满意度。简化会员入会办理条件和流程，实现网上申报功能，实行承诺登记制度；强化服务意识，加大对会员的宣传力度。出台《单位会员十大服务项目实施细则（试行）》并加以细化实施；研究制定会员月度汇报机制，每月发布会员月报；利用协会及分会平台，召开有针对性的座谈会、研讨会、宣贯会、培训会，搭建供需资源共享渠道和对接平台，及时解决会员的合理诉求，提高服务精准度；开展"我为会员办实事"调研活动，了解会员诉求，解决会员难题。（三）加强行业自律建设，完善信用等级评价机制，开展诚信体系建设。协会始终着眼于构建高质量的社会化消防服务平台，强化行业自律，提高服务质量。一是根据国家诚信体系建设相关政策及协会《会员信用等级评价办法》，建立会员单位诚信体系档案，并不断完善信用信息的归集采集、共享使用、信用激励与约束、信息主体权益保护、消防行业规范与发展等运行机制。二是配合消防救援总队开展消防技术服务机构从业条件监督抽查工作，及时掌握单位会员准确信息，并提供必要的服务支持。三是开展推进诚信经营、加强行业自律专项教育整顿活动，根据行业特点指导各分会完成"行业自律守则"承诺书的签订工作。四是处理行业投诉举报事件。（四）积极参与制定行业政策，为行业发展提供政策支撑。一是北京市出台的《关于深化消防执法改革的实施意见》专门提出"鼓励和支持社会组织开展消防安全工作"，作为北京市的消防执法改革纲领性文件，实施意见为社会化消防工作提供了更加广阔的发展空间。二是在《北京市安全生产条例》修订过程中，提出在安全生产领域推广使用先进装备的立法建议。

六、创新消防宣传教育新模式，社会化消防培训体系建设取得阶段性成果。（一）"一系统三统一"工作全面进行中。在加强传统培训的基础上，协会从 2020 年 5 月起启动"一系统三统一"的建设工作，制订了《提升社会化消防宣传教育水平总体工作方案》，即要研发一个社会化消防宣传教育信息系统、统一师资、统一教材、统一评价。旨在充分发挥消防社会组织作用，全面提升社会化消防宣传教育水平。在前期已成功搭建的能力天空报名和培训系统经验基础上，为进一步打牢基础，理顺机制，完善整体工作，以实用为出发点，在现有系统基础上拓展研发《社会化消防培训成绩录入和查询系统》，现持续推进中。（二）加强跨行业跨领域培训交流，拓展合作领域，创新培训模式。一是开展物业"两员"合作培训项目。协会联合北京市物业服务评估监理协会、北京市职业病防治和有限空间作业安全风险防控联合会共同举办 2021 年度房屋建筑结构、设备设施安全员培训。按照培训计划，协会已完成北京市房屋建筑结构和设备设施安全员培训教材及考题的编制工作，第一期班共计 180 名学员完成了线上学习和考试，发证和第二期班招生工作正在开展，基本达到了预期效果。

二是开展"消防保安"创新培训项目。为推动消防行业高质量发展，协会与中泰民安集团合作，创建大兴实训基地，以"一系统三统一"为依托，开展"消防保安"培训项目，目的是主动充当消防救援机构补充职能，既是协会提升社会化消防宣传教育水平的有益尝试，也是在消防培训领域创建多方合作模式的积极探索。现按照项目合作方案正在稳步推进中。三是开展特色培训和技术交流项目。与北京市医院管理中心签署市属医院消防安全培训教材编写项目；与北京造币有限公司拟签订单位消防安全培训战略合作协议，与中国人民警察大学拟签订学术研究交流战略合作协议，并完成电力、教育和城建等多家单位的培训需求。

七、探索开展社会活动，构建社会化服务交流平台。（一）成功举办第一届社会化消防服务秋季论坛。2020年10月，协会举办了第一届社会化消防服务秋季论坛暨《安全生产专项整治三年行动计划》政策解读会公益活动。这次论坛是协会换届后的第一次，得到了社会各界的积极响应和支持，市消防救援总队、市社会组织管理中心、市卫生健康委员会、市医院管理中心、市文物局、市社会福利事务管理中心领导，中共北京市商业服务业行业协会第二联合党委领导，来自医疗、物业、餐饮、养老、文旅、教育等共计130余家企业代表，北京消防协会第一批全国知名特邀专家，协会8个专业分会负责人参加了此次活动。此次活动围绕消防社会化服务主题开展，对促进消防行业高质量健康发展具有重要意义。（二）全力筹备"京津冀消防与应急救援博览会"。为积极响应国家"十四五"规划，推动京津冀协同发展，协会与天津、河北消防协会进行了专题座谈，联手共同筹备"京津冀消防与应急救援博览会"，探索积累举办展会经验，力争将举办消防展会打造成服务品牌。拟定于2022年春季举办京津冀消防安全与应急救援博览会，目前已完成商务局博览会备案的前期手续完善、《项目策划书》草案制订、行业展会现场踏勘和第一次沟通会，正在持续跟进筹办展会的相关前期准备工作。

八、充分发挥社会组织服务职能，持续为社会各界提供专业技术支持服务。（一）积极承接政府、企业购买服务。协会与市医管中心签订政府购买协议，开展市属医院消防安全标准化建设项目，在市消防救援总队的有力支持下，建立评估指标体系，并组织协会专家对市属22家三甲医院进行考核评定；协会与电动自行车经销企业签订咨询服务协议，编制电动自行车火灾防范手册，就电动自行车经营场所消防安全管理提供建议；协会与北京中融万业区块链技术有限公司签订咨询服务协议，每年为其客户开展消防安全常识培训。（二）为相关政府部门提供消防培训、消防检查、事故调查等技术服务。为市医管中心及各市属医院领导班子成员进行消防安全管理专题授课、参与其比武竞赛活动、协助开展消防安全检查；组织专家对教育部机关服务中心进行消防安全专项检查，为教育部考试中心进行培训授课；对市民政局所属产业定福庄园艺场重大消防安全隐患整改工作进行指导；组织专家参加国网北京电力公司技术评审、课题研讨等学术活动等。

九、构建消防信息化服务平台，多渠道提升协会影响力。一是积极搭建消防信息化服务平台，完成了"社会化消防宣传教育信息系统"、"会员信息管理系统"及"会员地理信息系统"研发上线。二是推进《排油烟设施清洗信息化服务系统》建设工作，为排油烟设施清洗企业提供便捷、高效的应用及有序的健康发展。三是启动北京消防协会消防社会化服务平台建设工作。建设需求侧使用的消防管家系统、供给侧使用的维保管理助手，为科技创新和转型的会员单位提供最具竞争力平台，使会员单位在传统业务发展上突破瓶颈，加大加深业务的覆盖面，实现科技的全面赋能。四是协会网站改版、微信公众号、视频号、搜狐视频会员、企业微信开通，筹建融媒体工作组等，开拓多种宣传渠道，不断提升协会的社会影响力。

十、创建消防文化建设机制，开展消防公益活动，彰显协会社会服务价值。（一）开展"100名消防老兵讲故事"公益活动。协会于2020年5月起开展"100名消防老兵讲故事"公益活动，并于同年8月举办了公益活动启动仪式。经过一年多的努力，共召开了20余次协调会，走访了560多名消防老兵，拍摄了100余部视频，并于2021年6月15日在国家会议中心成功举办了"不可磨灭的印记——100名消防老兵讲故事，庆祝建党100周年"公益活动发布仪式。签订8家媒体平台联袂线上发布系列纪录片；与中国旅游出版社签署纪实性图书出版意向书；媒体宣传报道活动40余篇；给10家单位授牌第一批消防公益宣传基地；确定了11名公益消防宣传大使。截至目前，共得到29家单位款项和物品的定向捐赠；依托中国老龄事业发展基金会，积极沟通腾讯公益，顺利实现在微信公益上线"100名消防老兵讲故事"公益募捐项目,打造公募品牌,得到社会各界和会员单位的大力支持和关注,扩大了协会影响力,掀起了公益活动宣传高潮。(二)成功举办"中德启锐杯"首届119消防知识竞赛公益活动。为支持首都消防事业,按照《北京市第三十届"119"消防宣传月活动方案》要求,于2020年11月成功举办了由北京消防协会主办、北京市消防救援总队指导、北京中德启锐安全设备有限公司承办的"中德启锐杯"首届119消防知识竞赛公益活动。

第二部分　当前面临的形势

当前,协会正处于打基础阶段向全面发展阶段转型的过渡时期,也是关键时期。面临的形势总体向好,但在带来机遇的同时更充满挑战,协会全面发展任重道远。

一、从社会大环境角度看,经济社会发展为协会的全面发展提供了重要机遇。当前,小康社会全面建成、《国民经济和社会发展第十四个五年规划纲要》发布实施、消防法再次修订、《消防技术服务机构从业条件》和《高层民用建筑消防安全管理规定》正式施行、《关于深化消防执法改革的实施意见》全面实施、《消防安全专项整治三年行动实施方案》进入集中攻坚阶段。党和国家对安全工作要求越来越高,社会各界对消防工作越来越重视,社会化消防工作高质量发展迎来良好的社会环境,为协会全面发展带来重大机遇。同时,协会的社会影响力和专业权威性不断提升,也为协会全面发展奠定了一定的工作基础。

二、从协会自身建设角度看,还存在"该想的没想到,想到的没做成,做成的没做好"的现象。主要表现在:思想认识不高,对于社会组织运行规律认识还不够深入,已经形成的发展思路尚未达成广泛共识和认同;首都意识不强,区位优势分析不到位,发挥不出来;业务能力欠缺,有些工作即使想做,也力不从心;执行能力差,导致完成的项目达不到预期。

三、从系统化发展角度看,协会还存在落实不到位、发展不平衡、效果不充分的问题,全面发展的基础还不牢固。主要表现在:思想体系建设上,一些认识还只是浮于表面;组织体系建设上,会员发展数量和会员结构等控制性指标还没有完成，内设机构还没有真正实现有效运行；制度体系建设上，信息收集还不及时、落地执行还有很大距离；标准体系建设上，还远不能满足社会各界期待和实际工作需要；人才体系建设上，数量不足，活动不多，作用不明显的现象突出。

四、从消防行业整体角度看，各自为政、无序竞争、片面追求短期效应，与"高质量发展"要求存在很大差距，一些问题还很突出。主要表现在：消防设施领域，消防技术服务机构从业条件专项检查，暴露出一些会员单位甚至还没达到法定的基本要求；消防教育培训领域，夸大宣传、不兑现承诺的现象多发，引发大量举报投诉，严重败坏行业形象；烟道清洗领域，不按协会团体标准确定的流程操作；消防安全评估领域，依据不充分，报告不规范、不统一；消防产品领域，市场信息不掌握，宣传渠道不畅通；消防信息化领域，各自为政，实用性不强，与政府有关部门发展规划脱节；建筑防火领域，对政府部门职能划转后的运行模式，还不能有效适应。以上种种现象反映出实现全面发展，协会在行业自律、信用体系建设、组织化运行上，还有很长的路要走。

第三部分　全面发展阶段工作思路

协会全面发展阶段的总体工作思路是：坚持顺势而为，与时俱进，服从和服务于党和国家发展大局，围绕实施"十四五"规划、开启全面建设社会主义现代化国家新征程，紧紧依靠政府有关部门，自觉融入社会治理，主动发挥补充职能，坚持以会员为中心，立足新发展阶段、贯彻新发展理念、构建新发展格局，全面加强协会自身建设，着眼于服务北京"四个中心"建设，全面助力推动首都消防行业高质量发展。

一、以"党建引领、规范运行、创新发展"为新阶段发展的指导思想，确保协会在正确的轨道上全面发展。全面加强党的领导，切实把协会发展成党的群众路线在社会组织领域的渠道和载体，把党的主张传递给会员，把党的工作方法运用于协会日常工作中。始终坚持规范运行，把有关法律法规和社会组织的规范性文件，作为协会全部工作的基本依循，确保协会依法依规全面发展。积极谋求体制创新、机制创新，从创新中汲取全面发展的力量。

二、全力推动社会组织等级评估工作，以 5A 级社会组织创建，检验和带动协会全面发展。以脱钩改革为契机，全面梳理协会内部治理、党的建设、发挥作用、遵章守规、诚信建设等5个方面的情况，按照《北京市行业协会商会中关村社会团体现场评估打分表》所列5项一级指标、111项四级指标，逐一自查和完善，落实和完善各方面工作。以等级评估为基本标志，推动创建一流行业协会。

三、落实以会员为中心的发展理念，努力实现高质量、高水平的全面发展。一是全面服务会员，制定并落实《单位会员十大服务项目实施细则（试行）》，让会员切实感受到协会大家庭的温暖，不断强化协会的凝聚力。二是全面发展会员，按照《五年发展规划》，吸纳更多的消防行业市场主体加入协会，不断提升会员数量，完善会员结构，夯实消防服务供需对接工作基础。三是全面管理会员，全面开展以社会化消防工作质量为核心的信用体系建设，强化行业自律，树立维护协会和会员单位的行业声誉。

四、深入挖掘区位优势，努力实现体现首都特色的全面发展。立足首都区位特点，紧紧围绕北京"四个中心"建设战略定位，深入分析和准确把握北京的"政策优势、技术优势、资源优势"：一是积极沟通中央和地方有关政府部门，及时掌握有关消防行业发展的政策信息，深入开展政策解读，抢占政策先机；二是积极联系大专院校、科研院所，了解掌握有关机构的技术优势，推动消防技术成果转化，带动消防行业技术水平进一步提升；三是积极联系驻京央企、市级国企、全国性事业单位、民办连锁机构，挖掘总部优势，建立高端社会化消防服务供需对接机制。

五、以打造品牌为牵引，努力实现有典型项目作支撑的全面发展。一是筹备"京津冀消防与应急救援博览会"，同步启动"在线展示厅"，谋划常态化线下固定展示场馆建设；二是完善"119消防知识竞赛"和消防志愿服务公益活动；三是丰富"社会化消防服务秋季论坛"内容和形式；四是固化"社会化消防宣传教育培训"工作模式；五是创建"社会化消防服务供需对接信息平台"。

六、持续发力，统筹推进五大体系建设，努力实现系统化的全面发展。坚持系统化思维，统筹推进思想体系、组织体系、制度体系、标准体系、人才体系建设。不断深化对社会组织运行规律的认识，提高管理能力和水平，补齐发展短板和弱项，实现系统化的全面发展。

　　总之，全面发展阶段，我们要以更加奋发有为的精神状态，抢抓历史机遇，勇敢迎接挑战，努力打造政府放心、会员满意、社会认可的社会化消防服务平台。不辜负时代机遇、不辜负会员期待，助力形成共建、共治、共享的社会化消防工作新格局，积极推动消防行业高质量发展。

附录 4

北京消防协会单位会员十大服务项目
实施细则（试行）

（京消协〔2021〕49 号）

为践行"以会员为中心"的发展理念，推动协会全面发展，根据协会《章程》、《会员服务管理办法》及各部门工作职责，制定对单位会员的十大服务项目实施细则如下：

第一条 形象提升。会员部在为新入会的会员办理入会手续时，免费向会员单位颁发单位会员资信证书和牌匾，根据会员单位提供的材料，在协会前台接待区宣传屏幕展示该单位会员风采。信息中心通过协会官网，微信订阅号、服务号、视频号，免费发布一次单位会员的基本情况。

第二条 政策解读。信息中心负责收集相关法律法规、行业政策、技术标准、行业资讯等信息，在协会官网、微信服务号，分别设置会员单位登录入口，会员单位登录后，可免费搜索、查询、下载。非会员单位，需注册为"关注用户"后方可部分享受上述服务。宣教中心适时组织召开研讨会、培训会，邀请有关专家进行政策解读，会员单位可免费收听收看。

第三条 专业咨询。会员单位在经营活动中遇到法律或技术问题，可向协会提出咨询申请，咨询中心或专家委员会组织专家研究，提出咨询意见，出具咨询报告。会员单位咨询适当收取成本费，非会员单位咨询按市场价收取咨询费。

第四条 培训交流。协会各办事机构、分支机构、代表机构根据工作需要，组织会员单位间调研走访、国内外消防协会间考察、学习、交流。除交通、食宿费外，会员单位可免费参加。宣教中心负责组织业务培训，包括基础业务培训和专项业务培训。基础业务培训，会员单位可根据业务类别，每年免费享受一次线上培训。专项业务培训，会员单位按培训方案以优惠价格收取培训费，非会员单位按市场价收取培训费。

第五条　服务推介。信息中心在协会官网和微信订阅号、服务号、视频号开设"消防产品和服务网络展厅"，会员单位的新产品、新技术、新模式，可向协会申请推介。推介期内，普通会员单位免费3个月，理事单位免费6个月，常务理事单位免费9个月。免费期后会员单位按优惠价收取推介费。非会员单位申请推介的，按市场价收取推介费。申请在组织展会、论坛等活动中推介的，会员单位享受优惠价格，非会员单位按照市场运行模式收取服务费。

第六条　项目对接。信息中心负责收集消防行业供需信息，并通过协会官网、公众号，免费向会员单位发布。会员部负责掌握会员单位的信用情况，协会承接政府购买服务项目，或受社会单位委托服务项目，需要会员单位参与的，优先推荐信用等级较高的会员单位，协会收取适当的咨询服务费，非会员单位按照市场运行模式收取咨询服务费。

第七条　信用评价。会员部在制作单位会员证书时，标明信用等级，会员单位可按《单位会员信用等级评价办法》列明的情形，运用于企业形象宣传、品牌包装等。会员单位在换领单位会员证书时可主动申报正面信用信息，协会组织评价后，对信用等级进行调整，助力会员单位形象宣传和业务开展。对于会员单位的负面信用信息，可请求协会支持。会员部依照相关规定，指导会员单位，协调有关部门修复不良信息记录。除有关部门按规定收取的费用以外，协会不再另行收取费用。

第八条　权益维护。会员单位在反倾销、反垄断、反补贴等调查，或者行政处罚、行政诉讼活动中遇到困难时，会员部、咨询中心、专家委员会依托专家和律师团队提供维权服务。除专家、律师的费用以外，协会不另行收取费用。

第九条　市场分析。各分支机构负责组织编制相关领域的专项消防产业研究报告，形成市场分析成果。会员部负责编撰《消防行业白皮书》，经申请，会员单位可以免费使用，对非会员单位一般不予提供。

第十条　关系协调。分支机构负责协调会员间的业务纠纷；代表机构负责会员单位与当地政府有关部门和其他社会组织之间的关系；会员部、宣教中心、信息中心、咨询中心负责调解会员单位与客户之间的矛盾或纠纷；协会负责人负责主动协调市级政府部门和有关组织，反映行业诉求，参与政策制定，争取行业发展空间。上述事项均不收取费用。

　　以上服务细则，自印发之日起试行，并将根据实施情况和会员单位的要求不断调整完善。

附录 5

北京消防协会服务首都高质量发展
专项行动实施方案

（京消协〔2023〕11 号）

为贯彻落实《北京市民政局关于开展市级行业协会商会服务首都高质量发展专项行动的通知》相关要求，充分发挥行业协会服务优势和独特作用，以实际行动服务党和国家大局，带动首都消防行业高质量发展，结合本会实际情况，制订本实施方案。

一、指导思想和工作原则

以习近平新时代中国特色社会主义思想为指导，全面落实党中央和市委市政府关于经济工作的一系列重大决策部署，紧紧围绕高质量发展，完整、准确、全面贯彻新发展理念，在加快建设具有首都特点的现代化经济体系中积极作为，主动服务和融入新发展格局，为加强"四个中心"功能建设、提高"四个服务"水平、促进首都高质量发展贡献力量。同时，把专项行动作为协会五年发展规划固化提升阶段的核心内容，以及检验第五届理事会任期工作情况的重要标志。专项行动过程中，坚持奋发有为、统筹兼顾、务求实效的原则，广泛发动，密切协同，确保任务目标如期实现。

二、任务目标

（一）形成一份高质量的行业调研报告

由协会组织专家委员会和有行业代表性的分支机构专委会成立专家团队，通过调研走访、数据分析、问题研究、政策咨询、专家座谈、专题研讨等方式，切实摸清本行业和会员企业遇到的难点、痛点、堵点，形成一份高质量的调研报告，争取为政府有关部门制定和实施法律法规、发展规划、产业政策、管理制度等提供决策咨询与专业支持。（主责部门：综合部；配合部门：各分支机构、代表机构；督促指导：邱仓虎副会长；完成时限：2024年9月）

（二）壮大一支专业技术、技能人才队伍

大力弘扬工匠精神、专业精神，通过持续举办"社会化消防服务实战技能竞赛"，发现和培养更多的能工巧匠，稳定和壮大一批高素质的消防专业技术人才和产业工人，积极构建行业人才支撑和储备体系，优化行业人才结构，为行业产业稳定持续发展提供充足的人才和人力支持。（主责部门：咨询部；配合部门：各分支机构；督促指导：汪彤副会长；完成时限：2024年8月）

（三）搭建一个信息化行业供需对接服务平台

在大力发展社会化消防服务供给侧会员的基础上，不断优化会员结构，积极发展餐饮业、建筑业、物业服务等需求侧会员，为信息化行业供需对接服务平台提供坚实的组织基础。以每年一届的"北京科技周"活动为牵引，利用信息化手段，完善"消防产品和服务网络展厅"，形成具有消防产品查询展示、新技术推广、消防服务信息、优质企业查询、行业人才交流等服务功能的行业供需对接信息平台。通过优势资源配置、数据汇聚融合、共享开放和开发利用，为行业和会员的发展提供高品质的服务。（主责部门：会员部、信息部；配合部门：各分支机构、代表机构；督促指导：任磊副会长；完成时限：2024年7月）

（四）推出一批利于行业发展的团体标准

以满足市场和创新需求为目标，与行业监督部门共同制定发布相关地方标准。根据行业实际需要，编制发布《排油烟设施清洗技术规程》《排油烟设施清洗管理规范》《消防技术服务质量通用要求》《智慧消防火灾防控系统建设要求》等团体标准，不断完善消防行业标准体系，引领和推动消防行业产业实现高质量发展。（主责部门：咨询部；配合部门：各分支机构；督促指导：韦安庆副会长；完成时限：2024年6月）

（五）打造一个具有行业特色的品牌项目

充分发挥行业协会专业优势，全面规范消防培训行为，进一步完善《"一系统三统一"社会化消防安全教育培训体系》品牌项目，打造成为代表首都水平的行业特色品牌，有效解决日常消防培训中"谁培训谁，培训什么、怎么培训、培训到什么样"的突出问题，为推动公共安全治理模式向事前预防转型提供基础保障。（主责部门：培训部；配合部门：宣传教育培训专委会、实训基地；督促指导：范琪副会长；完成时限：2024年5月）

（六）颁布一部维护行业发展秩序的自律准则

根据协会《章程》和《行业诚信自律公约》，以"质量第一"为价值导向，通过完善信用评价体系，制定并颁布一部行业自律准则，积极规范会员企业生产和经营行为，创建行业诚信服务品牌，引导本行业的经营者依法竞争，自觉维护市场竞争秩序，全面提高会员企业及行业企业诚信经营理念、诚信自律意识，积极维护公平竞争的市场环境和规范健康的行业发展秩序。（主责部门：会员部；配合部门：各分支机构；督促指导：孙朝中副会长；完成时限：2024年4月）

三、组织机构

（一）成立"北京消防协会服务首都高质量发展专项行动"领导小组，由会长任组长、副会长和秘书长任副组长，成员包括常务理事、理事、监事和各办事机构、分支机构、代表机构、专门机构负责人。领导小组办公室设在秘书处综合部，负责日常工作的组织协调。

（二）按照"六个一批"任务目标，由负责督促指导的副会长牵头，分别组建专项任务工作组，具体组织实施。

（三）依托协会专家委员会，由吴志强主任牵头，刘学锋副会长、王松监事长，以及专家委员会各位委员配合，成立专项行动指导组，对专项行动给予全程指导。

四、时间安排

（一）方案制订阶段（2023年8—9月）。围绕重点任务贯彻落实，制订具体实施方案，对专项行动开展进行全面部署安排。

（二）组织实施阶段（2023年10月—2024年9月）。按照制订的实施方案，加快推进实施，确保取得实效。

（三）总结提高阶段（2024年10—12月）。全面总结成效与不足，积极与兄弟协会交流，开展互学互鉴，健全长效推进机制，切实提升服务高质量发展的能力本领。

五、工作要求

（一）加强组织领导。充分认识开展此次专项行动的重要意义，切实增强责任感和紧迫感，进一步提高政治站位，强化使命担当。作为服务首都高质量发展专项行动的具体执行者，要切实把各项重点任务落实落细，齐抓共管，形成合力，确保领导到位、组织到位、责任到位。

（二）强化统筹协调。开展日常工作要紧密结合本方案重点任务，把自身高质量发展作为前提和目标，与协会《五年发展规划》、《2023年工作要点》以及现有的职责任务等结合起来进行，有机衔接，协同推进。

（三）形成长效机制。以消防领域高质量发展为着力点，不断完善服务消防领域高质量发展的常态化、长效化落实举措。通过专项行动开展，积极探索建立与原业务主管单位、行业管理部门常态化联系汇报机制。要认真总结专项行动工作中取得的进展成效、遇到的问题困难，提出建设性的意见建议，及时向专项行动领导小组办公室反馈。

六、总结上报

专项行动领导小组办公室分别于2023年11月30日、2024年6月30日、2024年11月30日前将专项行动进展情况统计表、总结报告（包括工作情况、取得成效、经验做法、问题困难和意见建议等）一并报送至市社会组织管理中心。工作开展过程中的相关部署、进展成效、问题困难、意见建议等，及时向市社会组织管理中心报送。

一、法律法规

1. 中华人民共和国消防法

2. 中华人民共和国安全生产法

3. 中国共产党纪律处分条例

4. 社会团体登记管理条例

5. 志愿服务条例

6. 北京市消防条例

7. 北京市接诉即办工作条例

8. 北京市志愿服务促进条例

9. 社会消防安全教育培训规定

10. 高层民用建筑消防安全管理规定

11. 北京市单位消防安全主体责任规定

二、政策文件

1. "十四五"社会组织发展规划

2. "十四五"国家应急体系规划

3. "十四五"国家消防工作规划

4. 行业协会商会与行政机关脱钩总体方案

5. 国务院办公厅关于进一步规范行业协会商会收费的通知

6. 关于规范社会团体收费行为有关问题的通知

7. 关于规范社会团体开展合作活动若干问题的通知

8. 安全生产治本攻坚三年行动方案（2024—2026年）

9. 关于推进社会信用体系建设高质量发展，促进形成新发展格局的意见

10. 民政部关于加强和改进社会组织薪酬管理的指导意见

11. 关于开展行业协会商会服务高质量发展专项行动的通知

12. 关于继续加大中小微企业帮扶力度加快困难企业恢复发展的若干措施

13. 关于进一步深化"接诉即办"改革工作的意见

14. 养老机构消防安全管理规定

15. 北京市社会团体章程示范文本（试行）

16. 北京市消防安全专项整治三年行动实施方案

17. 北京市社会消防技术服务机构从业准则

18. 北京市既有建筑施工动火作业消防安全管理规定（试行）

19. 北京市社会组织评估实施办法

20. 北京市既有建筑施工动火作业消防安全管理规定

21. 北京市行业协会商会与行政机关脱钩工作方案

22. 北京市安全生产专项整治三年行动计划

23. 聚焦打造"北京服务"持续优化公众聚集场所投入使用、营业前消防安全检查办理六项措施

24. 优化营商环境消防柔性执法工作规定

25. 社会消防安全培训机构设置与评审（GA/T 1300—2016）

26. 消防控制室火警处置规范（DB11/T 2104—2023）

三、协会文件

1. 单位会员信用等级评价办法（京消防协字〔2019〕3 号）

2. 专家服务管理办法（京消防协〔2019〕29 号）

3. 办事机构工作人员绩效管理办法（京消协〔2020〕12 号）

4. "100 名消防老兵讲故事"公益活动方案（京消协〔2020〕27 号）

5. 提升社会化消防宣传教育水平总体工作方案（京消协〔2020〕28 号）

6. 团体标准管理办法（京消协〔2020〕44 号）

7. 关于积极推动消防行业高质量发展的意见（京消协党〔2021〕8 号）

8. 兼职工作人员绩效评价办法（京消协〔2021〕34 号）

9. 工作人员薪酬管理制度（京消协〔2021〕40 号）

10. 信用信息管理办法（京消协〔2021〕46 号）

11. 社会团体评估工作方案（京消协秘〔2021〕96号）

12. 全面加强联络会员工作实施方案（京消协〔2022〕9号）

13. 秘书处部门职责规定（京消协〔2022〕11号）

14. 社会化消防安全教育培训指南（T/BJXF 008—2022）

15. 行业诚信自律公约（京消协〔2023〕9号）

16. 信用积分管理办法（京消协〔2023〕16号）

17. 社会化消防安全培训实施办法（京消协培〔2023〕74号）

18. 北京消防协会志愿服务实施办法（京消协信〔2023〕83号）

19. 分支机构服务管理办法（京消协秘〔2023〕137号）

20. 代表机构服务管理办法（京消协秘〔2023〕138号）

21. 会员服务管理办法（京消协秘〔2023〕139号）

22. 关于2023年"百业万企"共铸诚信文明北京活动方案

23. 2024年主要工作量化指标（京消协〔2024〕2号）

24. 集排油烟设施清洗服务规范（T/BJXF 010—2024）

在此，我们对所有参与本书编写工作的单位和个人表示衷心的感谢。在策划、定位和章节安排方面，各位提供的宝贵意见为书籍的最终呈现奠定了坚实基础。特别感谢以下单位和组织所给予的支持与指导（以下排名不分先后）：

北京市消防救援局

北京市应急管理局

北京市社会组织管理中心

北京市思想政治工作研究会

北京知诚社会组织众扶发展促进会

首都社会组织促进会

中共北京市朝阳区南磨房地区党群服务中心委员会

中共北京市社会事业领域行业协会联合委员会

在本书编写过程中，协会秘书处全体工作人员付出了艰苦的努力。广大会员单位和志愿者也为我们提供了关键性的帮助和资源。此外，协会专家委员更是对本书的编写给予了全面且细致的指导。

在本书的编印和出版过程中，各参编会员单位以短视频的形式为本书制作了宣传片，并在协会视频号、百家号以及抖音号上进行了发布。若宣传片的口述内容与本书有出入，请以本书中的记录为准。

最后，我们再次向每一位提供帮助和支持的朋友致以深深的谢意。

北京消防协会

2024 年 8 月